KB233116

원리를 알면 과학이 쉽다

원리를 알면 과학이 쉽다

송은영 지음

새날

원리를 알면
과학이 쉽다 1

1판 1쇄 발행 | 2005년 7월 7일
1판 2쇄 발행 | 2006년 6월 27일
지은이 | 송은영
펴낸이 | 박준기
펴낸곳 | 도서출판 새날
출판 등록 | 1988년 1월 7일   등록 번호 | 제 10-179호
주소 | 서울특별시 관악구 봉천3동 7-186 2층
전화 | 02) 884-8459(대표)   팩스 | 02) 884-8462

값 7,000원
잘못된 책은 구입하신 곳에서 바꿔 드립니다.
ISBN 89-85726-61-7   44400
ISBN 89-85726-60-9 (전3권)

이 책을 읽는 분들께

여러분!

'과학' 하면 생각나는 것들이 무엇인가요? '골치아프고, 어렵고, 딱딱한 과목이다.' 이런 것들입니까?

맞습니다. 지금까지 여러분들은 잘못된 입시제도 때문에 무턱대고 공식을 외우고, 정답을 외우고, 심지어 문제까지 외워서 시험을 친 사람도 있을 것입니다. 그러니 과학이 어렵고 재미없고 골치아플 수밖에요. 과학이 어디 한두 과목입니까? 물리, 화학, 생물, 지구과학, 등등. 그리고 또 공식이나 법칙은 어떻습니까? 아마 한 과목당 수십, 수백 개씩은 될 것입니다. 이것들을 여러분이 어떻게 다 머리속에 암기할 수 있겠습니까? 아마 아인슈타인이나 에디슨 같은 천재들도 할 수 없을 거예요. 또 공식만 외운다고 문제가 풀어집니까? 생각처럼 안되지요?

그렇습니다.

그런데 이제 어떻습니까? 입시제도가 올바른 방향으로 개선되어 가고 있습니다. 더불어서 학교 교육도 과거보다는 바람직한 쪽으로 바뀌어지고 있습니다. 이제 과거처럼 교과서 한 권만 무조건 외운다고 공부를 잘하는 시대가 아닙니다. 물론 대학에 가고 시험치기 위해서만 공부하는 것도 아니지요. 앞으로 많은 독서를 통해서 사고력과 응용력을 키우지 않고서는 대학입시든 사회생활이든 잘할 수 없는 시대가 오고 있습니다.

이 책은 바로 이러한 시대적 흐름에 맞추어 과학과목에 대한 새로운 형태의 읽을거리로 2년에 걸쳐 세 권으로 만들어졌습니다.

• 이 책의 내용과 구성

이 책은 물리, 화학, 생물, 지구과학 등 기초과학 분야에서 골라 뽑은 주요한 내용들을 알기 쉽고 재미있게 소개하고 있습니다.

이 책은 다음과 같이 구성되어 있습니다.

먼저 과학의 전 과목에서 선별한 주요한 내용들을 이해하기 쉽도록 이와 관련된 재미있는 일화나 역사적 사실들을 〈이야기〉형식으로 소개했습니다. 이 〈이야기〉들은 과학자들이 어떻게 생각하고, 어떤 과정을 거쳐 위대한 법칙을 발견하고 혹은 발명했는지를 재미있게 소개하는 내용입니다.

다음으로 〈사고하기〉에서는 앞의 이야기로부터 알아야 할 과학적 내용을 좀더 직접적이고 구체적으로 설명하고 있습니다. 수업시간에 배우는 내용들을 좀더 재미있고 쉽게 이해할 수 있도록 했습니다.

그 다음에는 〈탐구하기〉가 나옵니다. 여기에서는 〈이야기〉와 〈사고하기〉에서 이해하고 배운 지식들을 근거로 해서 만든 응용문제를 자세한 풀이와 함께 실었습니다. 이 문제들은 대입 수학능력시험 문제와 같은 형식으로써 시험에 대한 훈련과 적응능력을 길러 줄 것입니다.

그리고 마지막으로 〈좀더 알아봅시다〉에서는 앞에서 직접적으로 언급하지는 않았지만 관련된 내용들 중 알아 두면 좋은 것들을 정리해 두었습니다.

• 이 책을 읽는 방법

이 책은 폭넓은 독자들을 대상으로 만들었습니다. 중·고등학생뿐 아니라 국민학생 나아가 일반인까지도 읽을 수 있습니다.

먼저 중·고등학생은 가능한 한 모든 항목을 다 읽고 이해할 수 있으면 더 바랄 것이 없습니다. 그렇지만 혹시 어렵다고 느끼는 사람들은 〈이야기〉와 〈사고하기〉만을 읽고 이해해도 학습에 큰 도움이 될 것입니다.

그리고 국민학생들은 〈이야기〉만을 읽고 이해할 수 있어도 과학에 매우 소질이 있는 학생입니다. 자신의 능력에 맞는 부분과 관심있는 내용만 골라 읽어도 좋은 독서가 될 것입니다.

여러분들은 이 책에서 너무 많은 지식을 얻으려고 하지 마세요. 물론 그것도 중요하지만, 그것보다는 우선 과학이 지금까지 생각했던 것처럼 재미없고 어려운 과목이 아니라는 것, 과학은 무조건 외우는 과목이 아니라는 사실을 깨우치는 것만으로도 이 책을 읽는 보람이 있습니다.

머리속으로 외쳐 보세요.

'과학은 재미있고 쉽다, 그리고 과학은 무조건 외우는 과목이 아니고 생각하면서 이해하는 과목이다!'

끝으로 이 조잡한 원고가 책으로 되어 나오기까지 많은 수고를 아끼지 않은 도서출판 새날 가족 여러분들에게 감사합니다. 그리고 주변의 모든 사람들과 함께 이 조그만 기쁨을 나누고 싶습니다.

지은이

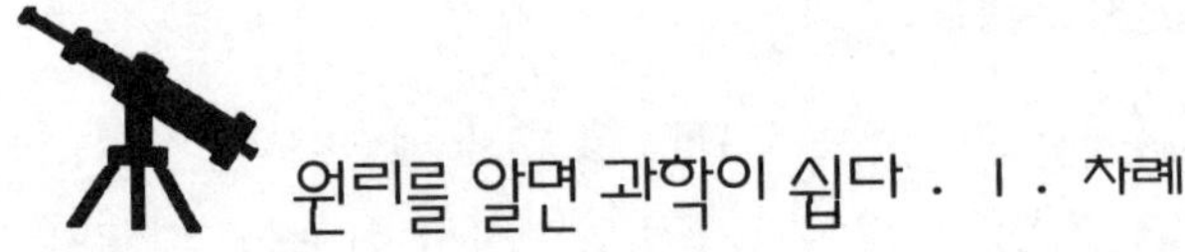

원리를 알면 과학이 쉽다 · Ⅰ · 차례

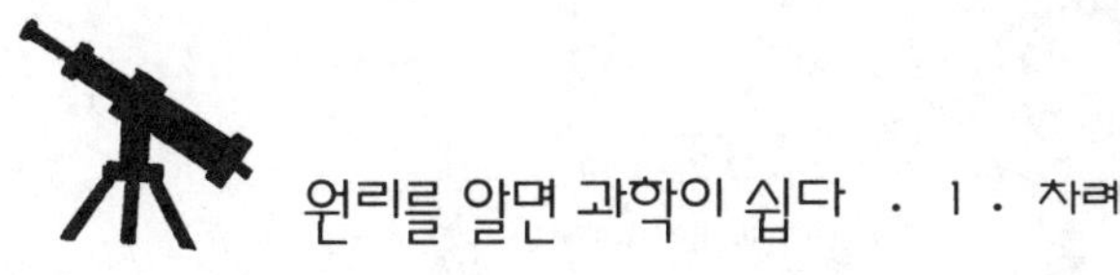

원리를 알면 과학이 쉽다 / 2권 차례

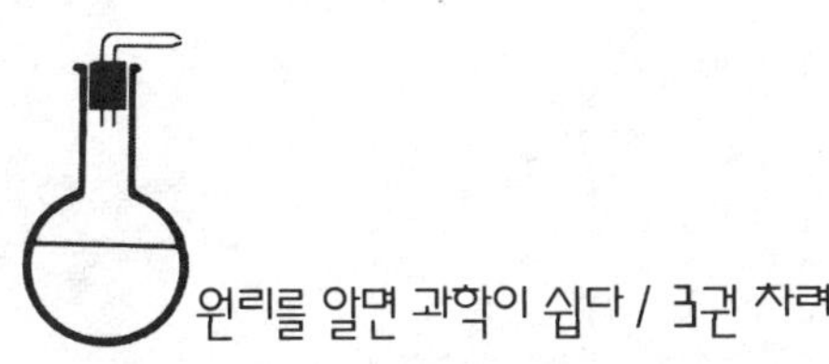

원리를 알면 과학이 쉽다 / 3권 차례

힘의 원리

지구도 들어 보이겠다
― 힘과 힘의 이용 ―

 이야기

그리스에 수학자이면서 과학자이고 발명가로 유명한 아르키메데스라는 사람이 살고 있었습니다.

아르키메데스는 이집트의 알렉산드리아에서 공부를 했으며 그뒤 귀국하여 고향인 시라쿠사로 돌아왔습니다. 고향으로 돌아온 아르키메데스는 자신이 배운 지식을 실생활 속에서 훌륭하게 활용할 줄 알았습니다.

아르키메데스의 이러한 업적은 여러 부문에서 재미있는 이야기로 전해지고 있는데 그 일화를 통해 원리를 알아보겠습니다.

아르키메데스는 역학에 대해 상당한 지식을 가지고 있었습니다. 그리고 또한 자신이 알고 있는 역학 지식에 대단한 자신감을 가지고 있었습니다.

역학에 대한 그의 자신만만함이 어느 정도였는지는 그가 한 다음과 같은 말에서 쉽게 알 수 있습니다.

"나에게 굉장히 커다란 지레와 이것을 설치하기에 충분한 공간을 제공해 준다면 나는 지구라도 들어 보일 수 있다."

그러자 왕은 아르키메데스를 불러 놓고 말했습니다.

"그럼 네가 그것을 증명해 보도록 하여라."

16

왕의 명령이 떨어지자 아르키메데스는 생각했습니다.

'무엇을 들어 보일까?'

잠시 후 그는 해안선에 정박해 있는 배를 선택했습니다. 그가 배를 선택한 이유는 지구를 들어 보이기에 충분히 큰 지레가 없었기 때문입니다. 그는 이것을 증명해 보이기 위해서 도르레를 사용하기로 결정했습니다.

그는 우선 긴 밧줄을 준비했습니다. 그리고 밧줄의 한쪽 끝을 배에 묶고 다시 이것을 도르레에 걸었습니다. 그런 다음 도르레에 걸린 다른 쪽 밧줄을 손으로 잡고 배에서 멀리 떨어진 모래밭에 앉았습니다.

아르키메데스의 주위에는 수많은 사람들이 숨을 죽이며 지켜 보고 있었습니다. 아르키메데스가 서서히 밧줄을 잡아당겼습니다.

그런데 이게 어찌된 일입니까?

아르키메데스가 큰 힘을 들이지 않고 줄을 잡아당기는 것 같았는데 배는 그가 앉아 있는 쪽으로 끌려오는 것이었습니다. 이 광경을 지켜 보고 있던 사람들은 너무 놀란 나머지 아무 말도 하지 못하고 그저 멍하니 바라만 보고 있었습니다.

그도 그럴 것이 수백 명의 사람들이 힘을 들여도 움직일까 말까 한 큰 배를 단 한 사람이, 그것도 큰 힘을 들이지 않고 움직이게 하는 도저히 믿기 힘든 광경을 두 눈으로 똑똑히 보았으니 놀랄 만도 했습니다.

주위에 있던 사람들은 외쳤습니다.

"이것은 기적이다, 기적이야. 아르키메데스는 신이 우리에게 내려 주신 선물이다."

 사고하기

앞의 이야기에서 말하려는 것이 지레를 사용했느냐 도르레를 사용했느냐 하는 선택의 문제가 아니라는 사실은 독자 여러분들이 더 잘 알고 있을 것입니다.

여기에서 중요한 것은 적은 힘을 들여 큰 효과를 내는 방법을 찾는 것입니다. 즉, 지레나 도르레를 사용하면 적은 힘으로도 힘든 일을 쉽게 해 낼 수 있습니다.

물체들 사이에 작용하는 힘과 그에 따른 운동과의 관계를 다루는 물리학의 분야를 역학이라고 합니다.

역학은 물리학에서 다루는 내용 중 가장 먼저 발달된 분야로서 물리학의 기본을 이루는 학문이며 아르키메데스에 의해 어느 정도 체계적인 시발점이 구축된 이후 갈릴레이와 뉴턴에 의해서 고전 역학의 체계가 완성되었습니다.

인간이 다른 동물들과 구별하는 가장 중요한 요소는 '생각한다'는 것입니다. 그래서 인간은 어떤 일을 하든지 반드시 목적을 가지고 일을 해나갑니다.

이러한 목적을 이루기 위해 인간은 오랜 옛날부터 적은 힘을 들이는 방법을 생각해 왔습니다. 예를 들면 무거운 물체를 이동시키기 위해서 소를 이용했고, 지식이 점차 발달하면서 새로운 도구들을 개발해 냈습니다.

이런 도구들 중에서 간단하고 오래된 것으로는 지레, 도르레, 그리고 비탈면이 있습니다.

세계 4대 문명 발생지의 하나인 이집트에서는 이 3가지 원리를 모두 이용했습니다. 이집트인들은 나일강의 물을 농지로 끌어들이기 위해서 도르레의 원리를 이용했습니다. 그리고 또한 피라미드나 스핑크스의 건설을 위해 지레나 비탈면의 원리를 이용했습니다.

그러면 이 3가지의 간단한 도구들을 간략하게 알아보도록 합시다.

● 지레

우리 생활 속에서 지레의 원리를 이용한 도구들은 아주 많습니다. 예를 들면 가위, 장도리, 작두, 도리깨, 손톱깎이 등입니다. 그리고 우리 고유의 민속놀이인 널뛰기도 지레의 원리를 이용하고 있지요.

지레는 그 양쪽 끝에서 받침점까지의 길이가 어느 정도냐에

따라서 지레의 양끝에 작용하는 힘의 크기가 달라지게 됩니다.

지레의 한쪽 끝 (가)에서 받침점 (나)까지의 길이를 L, 다른쪽 끝 (다)에서 받침점 (나)까지의 길이를 S, 그리고 지레의 끝 (가)와 (다)에 작용하는 힘의 크기가 A, B라고 하면 지레에 작용하는 힘의 크기는 다음과 같은 등식이 성립합니다.

A×L=B×S

이와 같은 관계에서 힘이 A가 B보다 크다면 길이는 S가 L보다 크다는 사실을 알 수 있습니다.

이것은 우리가 널뛰기를 해 보면 쉽게 알 수 있습니다. 예를 들면 한쪽 끝에서 널뛰는 사람의 몸무게가 다른 쪽 끝에서 널뛰는 사람보다 무거울 경우 그 사이에서 받침점 역할을 해 주는 사람은 무거운 사람 쪽으로 다가앉게 됩니다.

그리고 또한 이 조건으로부터 우리는 무거운 물체를 들어올리기 위해서 필요한 힘이 구체적으로 어느 정도일지도 예측할 수 있습니다.

예를 들어 순덕이와 친구들이 500kg의 돌덩어리를 들어올리기 위해서 11m 길이의 통나무를 이용한다고 합시다. 그리고 이들이 돌덩어리에 댄 통나무의 한쪽 끝과 받침점 사이의 거리를 1m로 했다면 이들이 통나무의 다른 쪽 끝에 가해야만 할 힘의 크기는 500kg의 돌덩어리의 10분의 1이 됩니다.

● 도르레

도르레에는 고정 도르레, 움직 도르레, 그리고 이 둘을 합친 복합 도르레가 있습니다.

　고정 도르레는 고정된 상태에서 물체를 끌어올리는 도르레
입니다. 따라서 고정 도르레는 물체에 작용하는 힘의 크기는
줄이지 못하고 힘의 방향만 바꾸어 줄 수 있습니다.
　이에 반해서 움직 도르레는 물체를 들어올릴 때 움직이게
만든 도르레입니다. 따라서 움직 도르레는 그림에서 볼 수 있
는 것처럼 도르레에 건 줄이 양쪽에서 들어올리는 물체의 힘
을 반감해 주는 효과를 나타내기 때문에 물체에 가해 주는 힘
의 크기가 절감되는 것입니다.

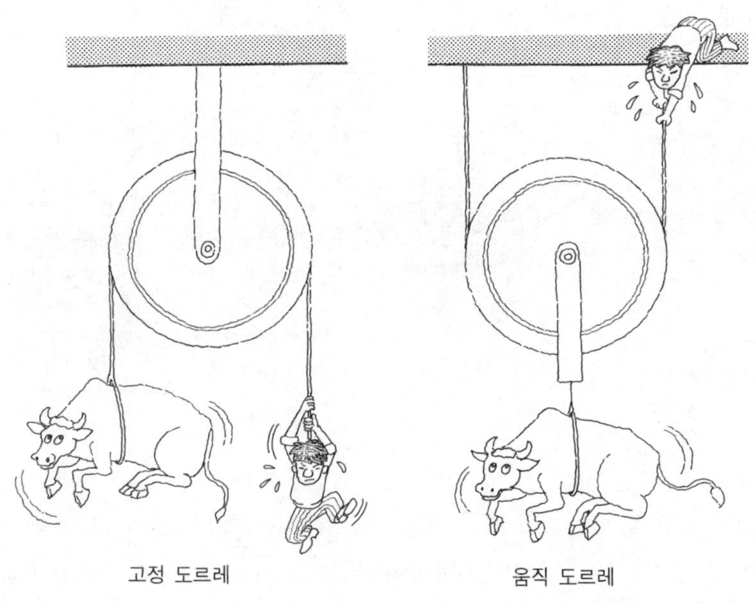

고정 도르레와 움직 도르레

　바로 이러한 사실을 고려한다면 이 두 개의 도르레를 유효
적절하게 복합시켜 힘의 방향을 바꿀 수도 있고 힘의 크기도
절약할 수 있는 도르레를 만들면 좋겠죠? 이 도르레가 바로

복합 도르레입니다.

N개의 고정 도르레와 N개의 움직 도르레를 한 개의 줄로 연결시켜 만든 복합 도르레는 2N배만큼의 힘을 절약하는 효과를 가져올 수 있습니다.

복합 도르레

그러므로 만약 3개의 고정 도르레와 3개의 움직 도르레를 연결한 복합 도르레에 60kg의 물체를 매단 경우 60kg의 6분의 1에 해당하는 힘만으로도 물체를 들어올릴 수 있습니다.

● 비탈면

우리는 화물 트럭에 물체를 싣기 위해 비탈면을 이용하는 것을 종종 볼 수 있습니다.

사람들은 왜 물체를 들어올리면서 수직으로 직접 들어올리지 않고 비탈면을 이용할까요?

이것은 힘의 절약을 위해서입니다.

비탈면을 따라서 물체를 밀어올리는 경우 드는 힘은 그 비탈면의 경사각에 비례합니다. 그렇지만 힘이 비탈면의 경사각에 정비례하지는 않습니다. 정비례하는 것은 비탈면의 경사각이 아니라, 비탈면의 사인(sin) 경사각입니다. 흔히들 이것을 혼동하지요.

예를 들어 지면과 비탈면의 각도가 30°인 경우는 60°인 경우의 절반의 힘으로도 똑같은 무게의 물체를 밀어올릴 수 있다고 생각하기 쉽습니다.

이 관계는 물체의 무게를 W, 그 비탈면의 경사각을 θ라고 할 경우 W와 삼각함수 sin함수의 sin θ와의 곱으로 나타나게 됩니다.

$$W \times \sin \theta$$

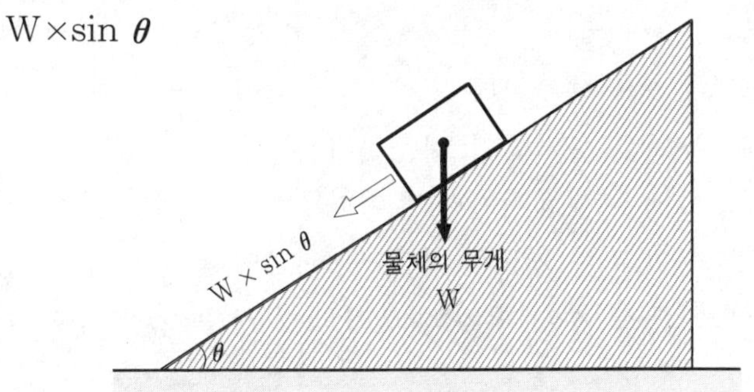

비탈면 위의 물체에 작용하는 힘

비탈면을 올라갈 때 힘을 절약할 수 있는 매우 신기하고 재미있는 예가 있습니다.

우리는 텔레비전에서 사이클 경기 중 선수들이 비탈면을 오

를 때 곧게 오르지 않고 지그재그로 오르는 광경을 보게 되는
데 이것은 힘을 절약하기 위한 방법입니다.

　그리고 산의 정상으로 올라가는 길이 직선으로 되어 있지
않고 구불구불하게 되어 있는 것도 힘의 절약을 위해서라는
사실을 알고 있나요?

탐구하기

문　평평한 면 위에 있는 공은 외부로부터 힘을 받지 않는
이상 그 자리에 계속 정지해 있습니다. 그러나 비탈면에
있는 공은 외부로부터 밀거나 끄는 인위적인 힘을 받지 않더
라도 비탈면을 따라 내려가게 됩니다. 물론 비탈면의 경사가
크면 클수록 공의 속도는 훨씬 빨라집니다.

　그러면 비탈면 위의 공이 아래로 내려가는 것은 무엇 때문
일까요?

　ㄱ) 공이 둥글기 때문이다.

　ㄴ) 공은 무거운 물체이기 때문이다.

　ㄷ) 공은 가벼운 물체이기 때문이다.

　ㄹ) 공에 힘이 작용하고 있지 않기 때문이다.

　ㅁ) 눈에 보이지 않는 힘이 작용하고 있기 때문이다.

답　물체가 움직이는 이유는 그 물체에 힘이 작용하고 있기
때문입니다. 즉, 어떤 물체를 움직이게 하기 위해서는
반드시 그 물체에 힘을 가해 주어야만 합니다.

　이를테면 땅에 정지해 있는 축구공을 움직이게 하기 위해서
는 발로 찬다든지, 손으로 민다든지, 아니면 야구 방망이로

친다든지 하는 물리적인 힘을 가해야만 합니다.

따라서 이 사실로부터 우리는 힘이 가해지지 않은 물체는 움직일 수 없다라는 가정을 세울 수가 있습니다.

그런데 얼핏 생각하기에 비탈면 위에 놓여 있는 물체에는 외부로부터 눈에 보이는 그 어떠한 힘도 작용되고 있지 않은 것 같은데도 비탈면 아래로 움직이고 있습니다.

이것을 어떻게 설명해야 할까요?

이것은 대부분의 사람들이 힘이라는 개념을 생각할 때 항상 눈에 보이는 그런 힘만을 생각하기 때문입니다. 즉 외부에서 인위적으로 가해지는 물리적인 힘이 모든 힘의 전부인 양 생각하기 때문입니다. 대부분의 힘은 외부로부터의 눈에 보이는 행위에 의해서 작용합니다. 그렇지만 모든 힘이 전부 그렇게 작용하는 것은 절대로 아닙니다.

자기부상 열차는 철로 위를 약간 떠서 움직입니다. 그런데 자기부상 열차를 들어올리는 데 사람이나 기계의 물리적인 힘을 이용하지는 않습니다. 자기부상 열차는 우리의 눈에는 보이지 않는 힘, 구체적으로 자석의 힘에 의해서 공중으로 붕 띄워지게 되는 것입니다.

이 간단한 하나의 예로부터 힘이란 반드시 사람의 눈에 보이는 그런 행위에 의해서만 만들어지는 것이 아니라는 사실을 알게 되었습니다. 따라서 비탈면 위에 놓여져 있는 물체가 비탈면 아래로 떨어지는 이유도 눈에 보이지 않는 힘 때문일 것입니다.

그렇다면 비탈면 위에 놓여 있는 물체를 비탈면 아래로 끌어내리는 힘은 어떤 종류의 힘일까요?

이 힘은 자석에 의한 힘도 원자력도 아닌 바로 중력입니다.

중력이란 지구가 물체를 잡아당기는 힘입니다. 중력에 의해서 지구상의 모든 생물체와 무생물체들이 지구 밖으로 날아가지 못하고 지구에 꼭 붙어 있을 수 있습니다. 물론 지구에 중력이 없다면 지구에는 단 한 명의 인간도 단 하나의 돌멩이도 존재할 수 없을 것입니다. 따라서 눈에 보이지 않는 중력 때문에 비탈면 위에 놓여 있는 공이 비탈면 아래로 내려올 수 있습니다. 그러므로 정답은 ㅁ)입니다.

문 비탈면 위에 놓여 있는 공이 비탈면 아래로 내려올 수 있는 이유는 중력 때문이라고 했습니다. 그러면 비탈면 위에 놓여 있는 공에 작용하는 중력의 방향은 어느 쪽일까요?

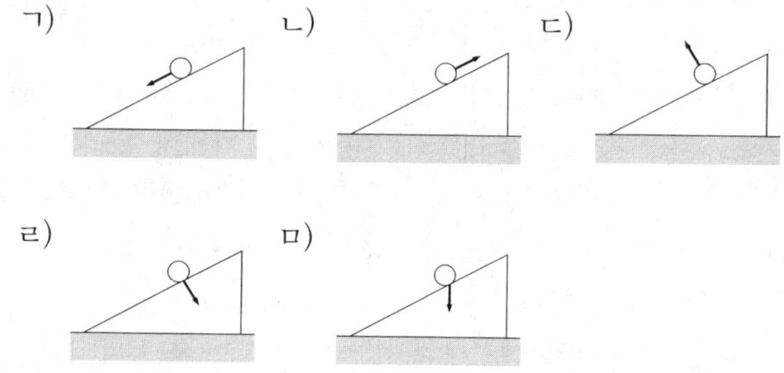

답 눈에 보이지 않는 중력의 위력을 알았으니 중력이 어느 방향으로 작용하는지 한번쯤 생각해 보는 것은 매우 당연하고 자연스러운 일입니다.

이 문제를 함께 생각해 보려는 이유는 많은 사람들이 비탈면 위에 놓여 있는 물체에 작용하는 중력의 방향을 착각하고 있기 때문입니다. 즉 중력이 작용하는 방향을 비탈면에 수직한 방향인 ㄹ)로 생각하고 있는 사람들이 많습니다.

중력이 작용하는 방향은 비탈면에 수직한 방향이 아니라 지면에 수직한 방향입니다. 그러므로 비탈면 위에 놓여 있는 물체에 작용하는 중력의 방향은 ㅁ)입니다.

● 좀더 알아봅시다

물체의 운동 상태를 변화시키거나 물체의 모양을 변형시키는 원인은 힘입니다.

물체에 작용하는 힘을 표시할 경우에는 힘이 작용하고 있는 점에서 힘의 방향으로 화살표를 긋습니다. 이 화살표의 길이가 힘의 크기를 나타냅니다.

이와 같이 힘이 작용하고 있는 점을 작용점, 작용점을 지나서 힘이 미치는 방향으로 연장한 선을 작용선이라고 합니다. 그리고 힘의 크기, 작용점, 방향을 가리켜 힘의 3요소라고 합니다.

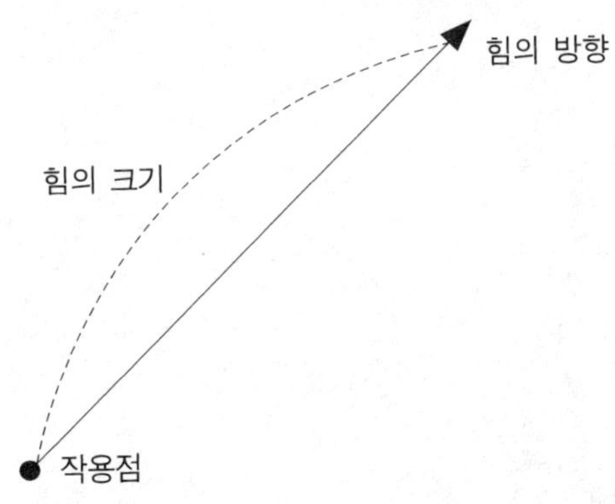

작용하는 힘에 의해서 물체가 힘이 가해진 방향으로 일정한 거리만큼 이동되었을 때 '힘이 물체에게 일을 했다'고 합니

다. 이때 힘이 물체에게 한 일의 양은 물체에 가해진 힘과 물
체가 힘이 가해진 방향으로 움직인 거리와의 곱으로 나타냅니
다.

계속 똑같이 움직인대요
─ 힘과 운동 ─

 이야기

어느 날 갈릴레이는 물체 운동에 대한 실험을 하고 있었습니다. 이 실험은 여러 가지 물체가 비탈면에서 어떻게 운동하느냐에 관한 것이었습니다.

갈릴레이는 비탈면에서 공을 굴렸습니다.

공이 비탈면을 굴러 내려오자 그는 생각했습니다.

'비탈면 위에서 아래로 굴러 내려오는 공의 속력은 공이 아래로 내려올수록 점점 더 빨라지게 되는구나.'

잠시 후 갈릴레이는 공을 비탈면 아래에서 위로 밀어올렸습니다. 공이 비탈면을 다 올라가자 그는 생각했습니다.

'비탈면 아래에서 위로 밀어올려진 공의 속력은 공이 위로 올라가면 올라갈수록 점점 더 느려지겠지!'

그러나 이 두 가지의 현상을 발견하고도 갈릴레이의 표정은 더 심각해지는 것이었습니다.

이때 옆에 있던 갈릴레이의 제자가 말했습니다.

"오늘은 두 가지의 현상에 대한 결과를 얻어내는 매우 큰 성과가 있지 않았습니까? 이보다 더 기쁜 일이 어디 있겠습니까? 그런데 선생님은 조금도 기뻐하는 것 같지 않으니 어찌된 일입니까? 뭐 잘못된 것이라도 있습니까?"

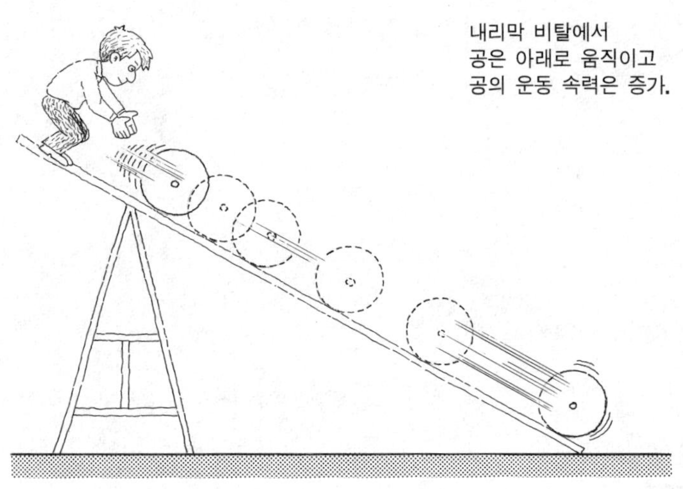

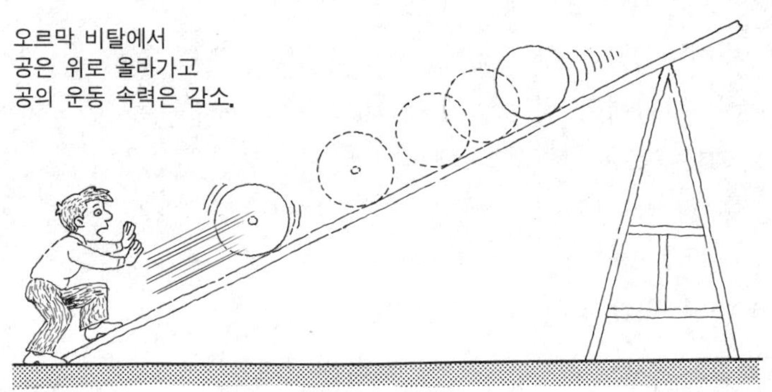

비탈면에서의 물체의 운동

갈릴레이가 이러한 행동을 한 이유는 굉장히 심각한 문제에 빠져 있었기 때문이었습니다.

"그런데 말이야, 그게, 그게……."

옆에 있는 제자도 알아듣기 힘들 정도의 매우 작은 말소리가 갈릴레이의 입에서 새어 나왔습니다.

그러자 갈릴레이의 제자가 또 물어 보았습니다.

"선생님, 무슨 고민을 그렇게 하고 계십니까?"

"그게 어떻게 되지?"

그리고 갈릴레이는 계속해서 말을 이어 나갔습니다.

"자, 자네도 한번 생각해 보게나. 만약 비탈면을 내려온 공이 수평한 직선, 즉 평면 위를 굴러가게 된다면 어떠한 운동을 하게 될 것 같은가?"

 사고하기

우리가 여기에서 생각해 보려고 하는 것은 힘과 물체의 운동 관계입니다.

물체가 운동할 수 있는 원인이 무엇인가에 관한 의문은 지금으로부터 2000년 전에 있었습니다. 그러나 이것에 대한 명확한 해답은 갈릴레이에 의해서 얻어지기 시작했습니다.

물체가 운동한다고 할 때 우리는 물체를 밀거나 잡아당기는 모습을 상상하게 됩니다.

예를 들면 정지해 있는 축구공을 다른 쪽으로 차 보내기 위해서 발 근육의 힘을 축구공에 가하고, 교실을 청소할 때 책상과 의자를 뒤로 밀기 위해서 손과 팔 근육의 힘을 책상과 의자에 전달시키지 않습니까?

이처럼 물체를 밀거나 잡아당기는 식으로 힘을 가하면 그 물체는 움직이게 됩니다.

그러나 이것은 우리가 너무나도 쉽게 생각할 수 있는 것입니다.

물론 초기에는 물체의 힘과 운동과의 관계가 이런 과정을 거치면서 시작되었겠죠! 고대의 서구 학문을 체계화시킨 아리스토텔레스도 바로 이 사실에 주목했었으니까요.

만약 이것이 사실이라면 어떤 물체에 밀거나 잡아당기는 힘이 가해지지 않을 경우 그 물체는 반드시 정지해야만 할 것입니다. 이런 생각을 가지고 자연 현상들을 바라보면 많은 자연 현상들을 이해하는 데 큰 도움이 됩니다. 그러나 그렇다고 해서 자연계에서 일어나는 모든 현상을 반드시 이런 생각으로 끼워 맞추려고 해서는 안 됩니다.

예를 들면 자석이 쇠를 잡아당기는 현상은 외부로부터 밀거나 잡아당기는 행위가 하나도 포함되지 않은 현상입니다.

또한 높은 곳에서 지상으로 떨어지는 물체도 눈에 보이는 힘을 전혀 받고 있지 않음에도 불구하고 그 물체의 속력은 점점 빨라지지 않습니까?

이런 사실을 깨닫고 이것을 물체의 운동 현상에 폭넓게 적용시켜 운동학을 한 차원 높게 만든 사람이 바로 갈릴레이입니다. 그는 운동하는 물체의 속력에 관해 다음과 같은 결론을 얻었습니다.

"일단 속력을 얻은 다음 물체가 가속되거나 감속되는 원인이 발생하지 않는 한 물체의 속력은 처음이나 나중이나 똑같다. 그리고 이런 현상은 마찰을 완전히 무시한 수평면 위에서만 가능하다"

이것이 갈릴레이의 관성의 법칙을 나타내 주는 표현입니다.

우리는 관성의 법칙을 다음과 같이 알고 있습니다.

"외부로부터의 힘이 작용하지 않는 한 정지하고 있는 물체는 계속 정지해 있으려고 하고, 움직이고 있는 물체는 계속 동일한 속력으로 일직선 위를 움직이려고 한다."

이 두 개의 표현은 언어의 표현 형식만 약간 다를 뿐 그 본질은 같은 것입니다.

아리스토텔레스는 외부에서 힘이 작용하지 않는 한 물체는 움직이지 않는다는 매우 평범한 진리를 알고 있었습니다. 그렇지만 그는 물체를 동일한 속력으로 움직이게 하는 데에는 힘이 필요하지 않다는 사실은 알지 못했습니다.

물체를 동일한 속력으로 움직이게 하는 데 힘이 필요하지 않다는 사실의 발견이 얼핏 생각하기에 별 것 아닌 것처럼 생각되어질지도 모르지만 이것은 정말로 대단한 발견입니다.

이 하나의 발견을 하기까지 인류는 아리스토텔레스 이후 약 1000년이라는 긴 시간이 걸렸습니다.

그러면 갈릴레이는 어떻게 해서 이 결과를 끌어낼 수 있었을까요?

갈릴레이는 비탈면 위에서 여러 가지 물체의 운동을 실험해 봄으로써 이 결과를 얻어냈습니다.

"물체가 비탈면을 내려오는 경우에는 가속을 받고, 비탈면을 올라가는 경우에는 감속을 받는다."

갈릴레이는 우선 이 현상에 주목했습니다. 그는 물체가 수평면 위에서는 아무런 가속이나 감속도 받지 않을 것으로 판단하고 다음과 같은 결론을 내렸습니다.

"수평면 위에서 물체의 운동은 항상 똑같다."

갈릴레이는 수평면 위의 마찰력이나 외부로부터의 힘이 작용하지 않는 한 물체는 수평면 위를 영원히 움직이게 될 것이라는 결론을 도출해 낼 수 있었던 것입니다.

갈릴레이는 또 다른 한 가지 실험을 했습니다.

갈릴레이는 그림과 같이 수평면의 양쪽에 비탈면을 만들었습니다.

　그리고 한쪽의 비탈면에서 공을 굴려 떨어뜨렸습니다. 그랬더니 공은 앞에서 공을 굴려 떨어뜨린 높이까지 올라가지 못했습니다.

　갈릴레이는 이것이 비탈면과 수평면의 마찰 때문이라는 사실을 알아냈습니다. 그래서 그는 만약 비탈면과 수평면의 마찰을 무시한다면 한쪽 비탈면 위에서 굴려 떨어뜨린 공은 반드시 다른 쪽 비탈면의 같은 높이까지 올라갈 것이라는 사실을 이끌어 냈습니다.

　그는 또 다른 쪽 비탈면의 경사도를 낮추어 가면서 실험을 반복했습니다. 그리고 다음과 같은 결론을 얻어냈습니다.

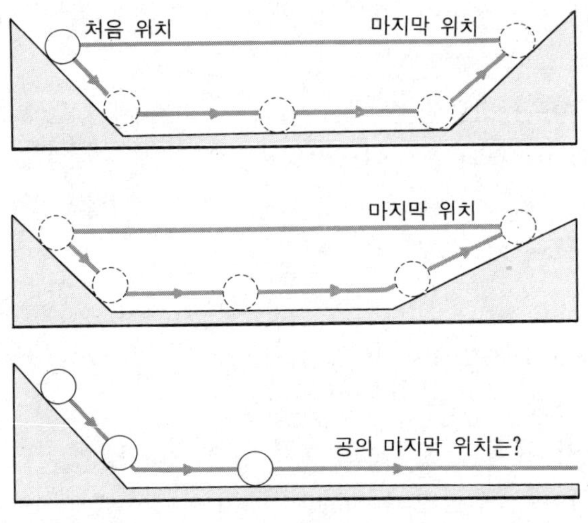

비탈면의 경사도를 낮출 경우

　"비탈면과 수평면에 마찰이 없는 한 한쪽 면에서 굴러 떨어진 공은 다른 쪽 면의 동일한 높이까지 올라갈 것이다. 그래서 다른 쪽 비탈면의 경사도를 점점 낮추어 가다가 결국 비탈면의 각도가 영(0), 즉 완전한 수평이 된다면 굴러 떨어진 공은 결코 처음의 높이까지 올라갈 수 없을 것이다. 따라서 이 물체는 계속 굴러가게 될 것이다."

이 두 가지의 실험 결과로부터 갈릴레이는 외부로부터 힘이 작용하지 않는 한 수평면 위의 물체의 운동은 영원히 지속될 것이라는 결론을 확신하게 되었습니다.

실험은 결코 어려운 것이 아닙니다. 단지 갈릴레이는 비탈면과 공을 사용한 간단한 실험으로부터 얻은 결과를 그의 탁월한 논리적 사고력에 결부시켜 이런 위대한 발견을 이룩해 낸 것입니다.

갈릴레이의 이런 선구자적인 업적이 있었기 때문에 훗날 뉴턴에 의해서 고전 역학이 완성될 수 있었던 것입니다.

 탐구하기

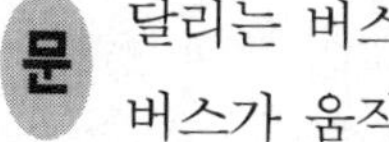 달리는 버스가 갑자기 정지하자 버스 안에 서 있던 사람이 버스가 움직이는 방향과 같은 방향으로 넘어졌습니다.

그러면 다음 중에서 이 현상과 동일하다고 생각되는 것은 어느 것일까요?

ㄱ) 위로 높이 쌓아 둔 벽돌 중 어느 것 하나를 망치로 순식간에 때리면 힘을 받은 벽돌만 밖으로 튀어나가고 나머지 벽돌은 그대로 쌓여 있다.

ㄴ) 화가 나서 문짝을 발로 찼더니 발이 아팠다.

ㄷ) 로켓이 가스를 분출하면서 달나라를 향해 날아간다.

ㄹ) 칼자루를 잡고서 칼자루의 밑면을 바닥에 세게 내려치

면 칼날은 나무 손잡이 속으로 더욱 깊게 들어간다.

ㅁ) 10층 옥상에서 아래로 쏟아 부은 물을 맞으면 굉장히 아프지만 비를 맞으면 그렇게 아프지 않다.

답 물체는 자신의 현재 운동 상태를 계속 유지하려는 속성을 가지고 있습니다. 즉 움직이고 있는 물체는 계속 움직이려고 하고 정지하고 있는 물체는 계속 정지하려고 합니다.

물체의 이런 성질을 관성이라고 합니다.

비록 버스 안에 서 있다고 해도 움직이고 있는 버스에 타고 있는 사람은 버스와 함께 움직이고 있는 것입니다. 그렇기 때문에 이 사람은 버스가 정지하면 그 동안의 운동 상태를 계속 지속시키기 위해서 버스가 움직이던 방향으로 넘어지게 됩니다.

따라서 이것은 운동 상태를 계속 유지하려는 관성의 예라고 볼 수 있습니다.

이것과 비슷한 예가 바로 ㄹ)의 칼 손잡이를 바닥에 내려치면 칼날은 손잡이에 더욱 깊이 박히게 되는 것이라고 볼 수 있습니다.

그렇다면 이것과는 대조되는 정지 상태를 계속 유지하려는 관성의 예도 있을 것입니다.

정지하고 있던 버스가 갑자기 움직이면 버스 안에 서 있던 사람이 뒤로 넘어지려고 하는 현상이 그 예입니다.

그리고 또한 ㄱ)에 제시된, 위로 쌓여 있는 벽돌의 한 개를 망치로 순식간에 때리면 벽돌만 밖으로 퉁기어 나오고 나머지 벽돌은 그대로 있는 현상도 이것과 비슷한 예라 할 수 있습니다.

문 무거운 추의 양쪽에 가는 실을 맨
다음 하나를 천장에 고정시켰습니
다. 그리고 아래로 처진 또 하나의 실을
잡아당겼습니다. 그러면 이때 실을 아주
천천히 잡아당겼을 때와 갑자기 세게 잡
아당겼을 경우 어느 쪽 실이 끊어질까
요?

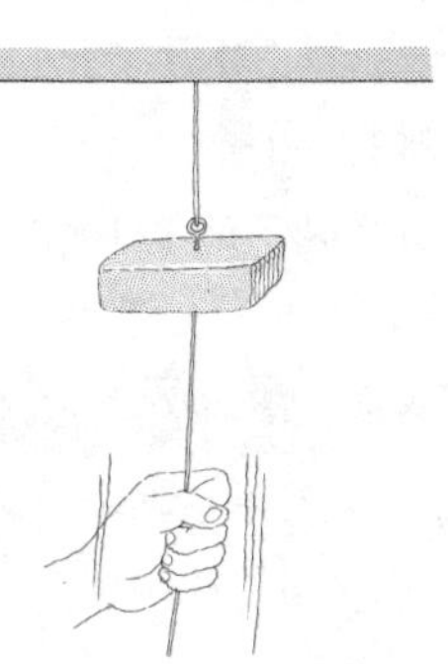

ㄱ) 두 경우 모두 위쪽 실이 끊어진다.

ㄴ) 두 경우 모두 아래쪽 실이 끊어진다.

ㄷ) 실을 아주 천천히 잡아당겼을 경우에는 아래쪽 실이 끊
　　어지고 실을 갑자기 세게 잡아당겼을 경우에는 위쪽 실
　　이 끊어진다.

ㄹ) 실을 아주 천천히 잡아당겼을 경우에는 위쪽 실이 끊어
　　지고 실을 갑자기 세게 잡아당겼을 경우에는 아래쪽 실
　　이 끊어진다.

ㅁ) 작용과 반작용의 법칙으로 실은 절대로 끊어지지 않는
　　다.

답 이 경우도 정지 상태를 계속하려는 관성의 예라고 생각
할 수 있습니다. 그렇기 때문에 실이 끊어지는 것입니
다.

　그런데 여기에는 실에 작용하는 힘의 세기에 변화가 있습니
다. 즉 실을 아주 천천히 잡아당겼을 경우에는 실을 잡아당기
는 힘에 추의 무게가 더해지게 됩니다. 그리고 실을 갑자기

세게 잡아당겼을 경우에는 순간적이기 때문에 추의 무게가 더 해지지 못하게 됩니다.

바로 이런 이유 때문에 실을 아주 천천히 잡아당겼을 경우에는 위쪽 실이 끊어지게 되고 실을 갑자기 세게 잡아당겼을 경우에는 아래쪽 실이 끊어지게 되는 것입니다.

● 좀더 알아봅시다

뉴턴의 운동 법칙에는 관성의 법칙, 가속도의 법칙, 작용—반작용의 법칙이 있습니다. 이중 관성의 법칙을 운동의 제1법칙, 가속도의 법칙을 운동의 제2법칙, 작용—반작용의 법칙을 운동의 제3법칙이라고 합니다.

관성의 법칙은 우리가 앞에서 알아보았으므로 여기에서는 가속도의 법칙과 작용—반작용의 법칙에 대해서 알아보도록 하겠습니다.

힘의 세기를 다르게 작용시키면 물체는 힘의 세기에 비례하는 가속도를 얻게 됩니다. 그리고 가속도의 방향은 힘을 가한 방향이 되고 가속도의 크기는 물체의 질량에 반비례하게 됩니다.

이것을 운동의 제2법칙 또는 가속도의 법칙이라고 합니다.

우주 공간에서 유영하는 두 명의 우주인 중 한 사람이 다른 사람을 밀면 자신도 똑같은 힘을 받게 됩니다. 이때 한쪽의 힘은 작용이 되고 다른 쪽의 힘은 반작용이 됩니다.

이처럼 두 물체 사이에서 발생하는 작용과 반작용의 힘은 서로 크기가 같고 방향이 반대이며 항상 동일 직선상에서 일어나게 되는데, 이것을 운동의 제3법칙 또는 작용—반작용의 법칙이라고 합니다.

바퀴를 사용하는 이유
― 마찰력 ―

 이야기

　유럽 사회에서 르네상스 이전의 학문 체계는 오직 신학을 중심으로 한 영역에 머물러 있었습니다. 그러나 르네상스라는 문예부흥의 꽃이 새롭게 유럽 사회를 뒤덮게 되자 학문 체계도 합리주의적이고, 실증주의적이며, 보편적인 것으로 발전되었습니다. 물론 과학도 예외는 아니었습니다.

　르네상스 시대 최고의 과학자는 당시 천재라고 불리는 레오나르도 다빈치입니다. 레오나르도 다빈치는 과학의 여러 분야에서 많은 업적을 남겼습니다. 그중 물체의 마찰 현상에 관한 그의 연구 또한 대단한 것이었습니다.

　그는 돌이나 나무와 같이 구하기 쉽고 값싸고 가공하기 쉬운 고체 물질을 이용해서 물체들과의 마찰력을 주로 연구했습니다.

　레오나르도 다빈치는 물체의 마찰력에 대해서 다음과 같이 말했습니다.

　"물체의 재질이 다르면 마찰력의 크기도 다르다."

　또한 물체의 표면과 마찰력과의 관계를 다음과 같이 정리했습니다.

　"물체의 표면이 매끄러울수록 마찰력의 크기는 작다."

그후 계속된 마찰 연구의 결과 레오나르도 다빈치는 무거운
물체와 가벼운 물체 사이의 마찰력 크기를 비교하는 실험을
통해 획기적인 발견을 하게 됩니다.

"물체가 미끄러지려고 하면 모든 물체에는 반드시 마찰력이
라고 하는 저항력이 생기게 된다."

이것은 마찰력이 물체의 무게, 즉 물체의 표면에 수직한 방
향의 힘에 비례한다는 것을 추론해 낸 획기적인 발견입니다.

그리고 더 나아가 레오나르도 다빈치는 물체의 마찰면 사이
에 새로운 물질을 첨가하면 마찰력이 크게 변한다는 사실을
알아냈습니다. 이것은 오늘날 윤활 기술의 선구적인 업적이라
고 볼 수 있는 것입니다. 특히 그는 이 실험에서 둥근 모래알
을 물체 사이에 집어넣으면 마찰력이 매우 작아진다는 사실을
발견하고, 이것은 모래알이 물체의 표면 사이에서 구르기 때
문이라고 설명했습니다. 여기에서 그는 마찰에는 미끄럼 마찰
과 굴림 마찰이 있음을 지적했습니다.

 사고하기

이제 마찰력 여행을 한번 떠나 보도록 할까요?

나무토막을 책상 위에 놓고 순간적인 힘을 주어서 움직이게
한다고 해도 이 나무토막은 언젠가는 멈추게 됩니다.

이것은 앞에서 살펴본 갈릴레이의 생각에 위배되는 것처럼
보입니다.

그러면 이런 현상이 왜 일어나게 되는 것일까요?

그것은 우리가 처해 있는 주변 환경이 앞의 경우처럼 마찰
력이 조금도 존재하지 않는 완전히 이상적인 환경이 아니기

때문입니다. 즉 운동하고 있는 물체에 마찰력이 작용하기 때문입니다. 움직이는 물체를 정지시키기 위해서는 이 물체가 움직이는 방향과 반대되는 방향으로 힘을 주어야만 합니다.

예를 들면 나무토막이 왼쪽에서 오른쪽으로 움직였다면 오른쪽에서 왼쪽으로 힘을 주었을 때 이 나무토막은 정지하게 됩니다.

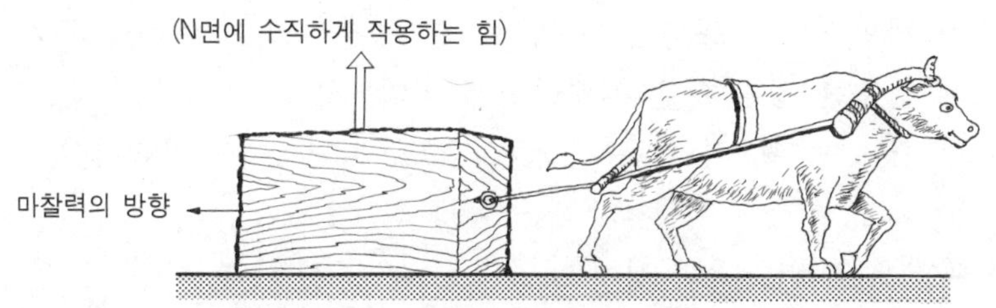

마찰력의 방향

따라서 마찰력은 물체가 움직이는 방향과 반대 방향으로 작용하게 됩니다. 즉 마찰력은 항상 그 물체가 운동하는 방향과는 반대 방향의 힘입니다.

마찰력에는 크게 정지 마찰력과 동 마찰력이 있습니다.

이 두 가지 마찰력에 대해서 좀더 구체적으로 알아보기 위해서 다시 나무토막과 책상을 이용해 봅시다.

정지하고 있는 나무토막에 아주 약한 힘을 주게 된다면 이 나무토막은 움직이지 않고 정지해 있게 됩니다. 물론 이것은 마찰력 때문입니다.

이와 같이 두 물체가 서로 접촉한 상태로 정지하고 있을 때 서로 작용하는 마찰력을 정지 마찰력이라고 합니다.

그러나 나무토막에 힘의 세기를 점점 강하게 주다 보면 어느 순간에 가서 나무토막은 움직이기 시작합니다. 이때의 마찰력을 최대 정지 마찰력이라고 합니다.

물체들 사이의 최대 정지 마찰력은 다음과 같은 특성을 가지고 있습니다.

첫째, 최대 정지 마찰력은 두 물체 사이의 접촉 면적과는 관계가 없습니다.

둘째, 최대 정지 마찰력은 두 물체가 접촉하고 있는 면에 수직 방향으로 작용하는 힘에 비례합니다. 그리고 여기에서의 비례 상수를 정지 마찰 계수라고 합니다.

이 관계는 다음과 같은 간단한 식으로 나타낼 수 있습니다.

$F=aN$

여기에서 F는 최대 정지 마찰력, a는 정지 마찰 계수, N은 면에 수직으로 작용하는 힘입니다. 그런데 N은 수평면 위에 놓여진 물체의 무게와 같은 힘입니다.

일반적으로 정지하고 있는 물체에 최대 정지 마찰력이 작용되어 그 물체가 움직이기 시작하면 물체와 수평면 사이의 마찰력은 줄어들게 됩니다. 그 결과 최대 정지 마찰력보다 작은 힘을 주어도 물체를 같은 속력으로 움직이게 할 수 있습니다.

이와 같이 한 물체(나무토막)가 다른 물체(책상)의 표면 위를 움직일 때 작용하는 마찰력을 동 마찰력이라고 합니다.

동 마찰력에 대한 실험 결과에서도 마찰력의 크기는 두 물체의 접촉 면적과는 관계없이 평면에 수직한 방향의 힘에 비례한다는 사실이 밝혀졌습니다.

이 관계를 식으로 나타내면 정지 마찰력의 경우와 같습니다.

$W=bN$

여기에서 W는 동 마찰력, b는 동 마찰 계수, N은 면에 수직하게 작용하는 힘입니다.

일반적으로 정지 마찰 계수 a와 동 마찰 계수 b 사이에는 a가 b보다 크다는 관계가 성립합니다.

정지 마찰력과 동 마찰력은 모두 물체가 미끄러질 때 생기는 마찰력으로 이것을 통틀어 미끄럼 마찰력이라고 합니다. 이에 비해서 물체가 굴러갈 때 생기는 마찰력을 굴림 마찰력이라고 합니다.

그리고 일반적으로 굴림 마찰력과 굴림 마찰 계수는, 미끄럼 마찰력과 미끄럼 마찰 계수에 비해서 작습니다.

이러한 이유 때문에 대중 교통 수단인 버스의 경우에 미끄러지는 썰매 대신 굴러가는 바퀴를 사용하고 있는 것입니다.

그러면 이번에는 고체가 아닌 액체나 기체의 마찰력에 대해서 간단하게 알아보도록 합시다.

공기와 같은 기체나 물과 같은 액체 속으로 낙하시킨 물체의 속력은 어떻게 변할까요?

물론 이 물체의 속력은 중력 가속도의 영향으로 처음에는 증가하게 됩니다. 그렇지만 속력이 끊임없이 증가되지는 않습니다. 즉 이 물체의 속력은 어느 속력 이상으로 증가하지 못하는데 이때의 속력을 그 물체의 종속력이라고 합니다.

그러면 도대체 왜 이런 현상이 일어나게 되는 것일까요?

이것은 떨어지는 물체가 공기나 물 속에서 받게 되는 저항력, 즉 마찰력 때문입니다.

이와 같은 현상을 설명하는 흥미있는 예가 하나 있습니다.

떨어지는 빗방울은 공기 속을 낙하하면서 중력 가속도의 영향으로 가속을 받습니다. 그렇지만 빗방울이 어느 한계점에 이르면 공기와의 마찰 때문에 전혀 가속되지 않고 동일한 속력(종속력)을 갖습니다. 이러한 이유 때문에 빗방울은 맞아도 아프지 않은 것입니다. 만약 빗방울이 종속력을 갖지 않는다면, 사람들은 비오는 날 적군으로부터 공습받는 것처럼 지하로 대피해야만 할 것입니다.

탐구하기

아래 그림처럼 표면의 마찰이 일정한 책상 위에 직사각형 모양의 벽돌 하나를 올려 놓고, 벽돌이 회전하지 않도록 수평 방향으로 끌어당기는 실험을 하고 있습니다.

첫번째 실험에서는 벽돌의 표면적이 큰 쪽을 책상의 표면에 접촉시킨 채 끌어당겼고, 두번째 실험에서는 벽돌의 표면적이 작은 쪽을 책상의 표면에 접촉시킨 채 끌어당겼습니다.

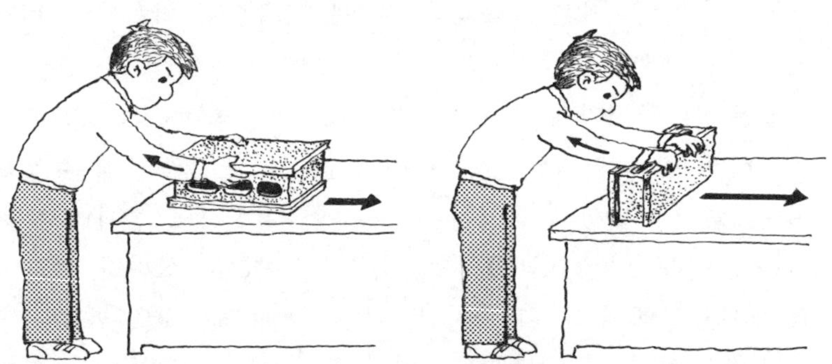

그러면 어느 때 벽돌을 끌어당기는 힘이 더 많이 들까요?

ㄱ) 벽돌의 표면적이 넓게 접촉한 상태로 끌 때 힘이 더 많이 든다.

ㄴ) 벽돌의 표면적이 좁게 접촉한 상태로 끌 때 힘이 더 많

이 든다.

ㄷ) 어느 경우나 드는 힘은 똑같다.

ㄹ) 벽돌을 끄는 사람의 몸무게에 따라서 드는 힘의 세기도
달라진다.

ㅁ) 벽돌의 무게에 따라서 드는 힘의 세기는 달라진다.

답 어떤 물체를 끌 때 드는 힘은 마찰력에 큰 영향을 받습니다. 즉 똑같은 물체를 끌 경우라도 물체가, 마찰력이 큰 표면 위에 놓여 있다면 물체를 끌기 위해 필요로 하는 힘은 커지고, 마찰력이 작은 표면 위에 놓여 있다면 힘은 작아질 것입니다.

그런데 마찰력은 똑같은 물체일 때 그 물체가 접촉하고 있는 면적과는 관계없습니다.

따라서 똑같은 벽돌을 끄는 경우, 그것이 책상과 접촉하는 면적이 다를지라도 드는 힘은 같습니다.

문 나무 판자 위에 물체를 올려 놓고 나무 판자의 한쪽을 들어올리면 경사도가 커짐에 따라서 물체는 아래로 미끄러지기 시작합니다.

이럴 때 물체가 미끄러지는 순간 나무 판자가 기울어진 각도를 측정하면 물체의 마찰 계수를 알아낼 수가 있습니다.

그러면 다음의 설명 가운데 나무 판자의 기울어진 각도와 물체의 마찰 계수의 관계를 가장 잘 나타낸 것은 어느 것일까요?

ㄱ) 마찰 계수는 물체의 종류에 관계없이 항상 일정하다.

ㄴ) 같은 물체일 경우 마찰 계수는 질량이 클수록 더 크다.

ㄷ) 같은 물체일 경우 마찰 계수는 질량이 작을수록 더 크
　　다.

ㄹ) 같은 물체일 경우 마찰 계수는 물체가 미끄러지는 순간
　　의 나무 판자가 기울어진 각도에만 관계한다.

ㅁ) 같은 물체일 경우 마찰 계수는 나무 판자가 기울어진
　　각도가 작을수록 더 크다.

답 물체의 마찰 계수는 물체의 종류에 따라서 똑같지 않습
니다. 가령 표면이 거칠거칠한 물체와 매끄러운 물체의
마찰 계수가 같을 수 있을까요?

그리고 같은 물체일 경우 마찰 계수는 질량과는 관계없고
경사면의 각도에만 관계가 있습니다. 좀더 구체적으로 말하면
물체의 마찰 계수는 경사면의 기울어진 각도가 크면 클수록
큽니다. 그러므로 정답은 ㄹ)입니다.

● 좀더 알아봅시다

물체가 경사면에 놓여 있을 경우, 경사면을 점점 기울이면
물체는 미끄러지기 시작합니다. 이때 물체가 미끄러지기 직전
의 경사면이 이룬 각도를 마찰각이라고 합니다.

마찰각은 물체와 경사면의 마찰 계수를 알아내는 데 매우
유용합니다. 왜냐하면 마찰각이 A일 경우에 물체와 경사면의
마찰 계수 B는 탄젠트(tangent, tan) 함수로 표현되기 때문
입니다. tan함수란 삼각함수의 하나로 직각 삼각형의 밑변의
길이를 X, 높이를 Y라고 할 경우 다음과 같습니다.

즉 물체와 경사면의 마찰 계수 B는 tanA로 나타냅니다.

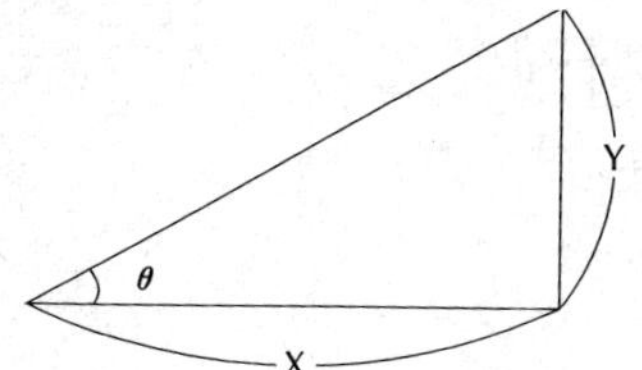

$$\tan \theta = \frac{Y}{X}$$

피사의 사탑에서
— 중력 —

 이야기

어느 날 갈릴레이는 피사의 사탑 위로 무게가 다른 금속공 두 개를 들고 올라갔습니다. 하나는 무거운 것이었고, 다른 하나는 보다 가벼운 것이었습니다.

갈릴레이는 탑의 꼭대기에서 아래를 내려다보았습니다. 탑 주위로 수많은 사람들이 모여들고 있었습니다.

갈릴레이를 지지하고 있던 많은 군중들이 외쳤습니다.

"갈릴레이, 용기를 가져. 당신은 틀림없이 증명해 보일 수 있을 거야."

또 한편에서는 그를 야유하는 사람들도 있었습니다.

"제까짓 게 뭘 안다고 나서는 거야. 2000년 동안 진실로 믿어 온 사실을 제까짓 게 뭔데 뒤엎으려고 하느냐 말이야. 도대체 그게 말이나 되는 소리야. 아마 잠시 후면 홍당무가 된 얼굴로 내려올 게 뻔해. 이봐, 시간 낭비하지 말고 그냥 내려와."

그러나 갈릴레이의 귀에는 아우성치는 군중들의 소리가 하나도 들리지 않았습니다. 그는 이 신성하고도 역사적인 실험에 너무나도 긴장되고 심취되어 있었기 때문입니다.

갈릴레이는 양손에 무거운 공과 가벼운 공을 쥐고 피사의

지짜짓게
뭘 안다구
용기를
가져.

사탑 난간에 바짝 다가섰습니다. 그는 잠시 동안 떨리는 손을 진정시키기 위해서 숨을 멈추었습니다.

갈릴레이는 두 개의 공을 동시에 떨어뜨렸습니다. 갈릴레이의 손에서 떨어져 나온 두 개의 공은 피사의 사탑과 땅 사이의 공간을 질주했습니다.

잠시 후 쿵 하는 소리가 갈릴레이의 귀에 들렸습니다. 그러나 시간이 지나도 다시 쿵 하는 소리는 들리지 않았습니다.

 사고하기

아인슈타인하면 상대성 이론을 금방 떠올리는 것과 같이 갈릴레이와 피사의 사탑은 뗄래야 뗄 수 없는 관계입니다.

물론 이것은 갈릴레이가 피사의 사탑에서 낙하 실험을 했기 때문이지만, 이 실험을 처음으로 한 사람이 갈릴레이였는지 아닌지에 관해서는 약간의 과학사적인 논란의 여지는 있습니다. 그렇지만 우리에게 중요한 것은 이 실험의 결과와 그에 따른 분석입니다.

다시 말하면 우리에게 중요한 것은 무거운 공과 가벼운 공의 쿵 하는 소리가 왜 한 번밖에 들리지 않았느냐 하는 것과 이런 결과를 가져오게 한 근본적인 원인이 무엇인가 하는 것입니다.

사실 피사의 사탑이 유명한 것도 그 탑이 약간 기울어져 있다는 사실보다도 갈릴레이와 관련된 일화 때문일 것입니다.

그러면 왜 쿵 하는 소리가 한 번밖에 들리지 않았을까요?

이것은 두 개의 공이 동시에 떨어졌기 때문입니다. 만약 무거운 공이 먼저 떨어지고 가벼운 공이 나중에 떨어졌다면, 쿵 하는 소리는 두 번 났을 것입니다.

아리스토텔레스는 물체의 낙하 현상에 관해서 다음과 같은 견해를 가지고 있었습니다.

"높은 곳에서 물체를 떨어뜨리면 무거운 물체가 가벼운 물체보다 더 빨리 떨어진다. 따라서 무거운 물체가 가벼운 물체보다 열 배 더 무겁다면, 무거운 물체는 가벼운 물체보다 열 배 더 빨리 떨어진다."

우리는 아리스토텔레스의 이 가설이 옳지 않다는 사실을 잘 알고 있습니다. 한마디로 말해 아리스토텔레스의 가설은 불충분한 관찰에서 비롯된 것입니다.

그럼에도 불구하고 아리스토텔레스의 가설은 하나의 절대적인 진리인 양 갈릴레이와 뉴턴에 의해 근대 과학이 만들어지기까지 무려 2000여 년 이상 동안 서구의 과학 사상을 지배했습니다.

갈릴레이의 이 실험에서도 알 수 있는 것처럼 동일한 높이에서 떨어뜨린 두 개의 물체는 무게가 다를지라도 동시에 떨어집니다.

그러면 이러한 현상은 왜 일어나게 되는 것일까요?

지구는 지구 안에 존재하는 모든 물체를 지구 중심 쪽으로 끌어당기는 성질을 가지고 있습니다. 그렇기 때문에 높은 곳에서 떨어뜨린 물체가 땅으로 떨어지는 것입니다.

물체가 떨어지는 현상을 매우 당연한 것으로 생각해서는 안 됩니다. 물체는 중력이 존재하는 곳에서만 떨어질 수 있기 때문입니다.

예를 들면 우주 공간과 같은 무중력 상태의 공간에서는 물체가 떨어지는 것이 아니고 공중으로 뜬다는 것입니다.

지구가 물체를 끌어당기는 힘을 중력이라고 합니다. 그런데 중력에는 중력 가속도라는 일정한 크기의 가속도가 숨겨져 있습니다. 같은 장소에서의 중력 가속도의 크기는 똑같기 때문에 동일한 곳에서 떨어뜨린 모든 물체는 항상 똑같이 떨어지는 것입니다.

다시 말하면 물체를 떨어뜨리는 요인은 중력이지만 그 떨어지는 물체를 동시에 떨어지게 하는 요인은 중력 가속도입니다.

중력 가속도는 일반적으로 g로 표시하는데, 크기는 다음과 같습니다.

중력 가속도$(g) = 9.8 \text{m}/\text{s}^2 = 980 \text{cm}/\text{s}^2$

그러나 중력 가속도의 크기는 지구의 모든 곳에서 똑같지 않고 약간씩 다릅니다. 이러한 이유 때문에 중력 가속도를 나타낼 때 일반적으로 다음과 같은 수치를 많이 사용합니다.

중력 가속도$(g) = 10 \text{m}/\text{s}^2 = 1000 \text{cm}/\text{s}^2$

우리는 지금까지 동시에 떨어뜨린 물체가 동시에 떨어지는 이유에 대해서 알아보았습니다.

그렇지만 엄밀하게 말해서 동시에 떨어뜨린 두 개의 물체는 동시에 떨어지지 않습니다. 즉 무거운 물체가 가벼운 물체보다 먼저 떨어집니다.

물론 우리의 감각은 그 미세한 차이를 분간할 수 없습니다. 그럼에도 불구하고 이런 현상이 일어나는 것은 지구에는 공기가 존재하고 있기 때문입니다. 만약 지구가 완전한 진공 상태라면 떨어지는 모든 물체는 동시에 떨어지게 될 것입니다.

이것은 아주 간단한 실험으로도 증명해 보일 수가 있습니다.

예를 들면 쇳덩어리와 새털을 공기 중에서 떨어뜨리면 새털보다 쇳덩어리가 먼저 떨어집니다. 그렇지만 쇳덩어리와 새털을 진공 상태의 용기 속에서 떨어뜨리면 동시에 떨어집니다.

대부분의 사람들은 질량과 무게를 동일한 개념으로 사용하고 있습니다.

그러나 질량은 장소에 따라서 변하지 않는 양이지만 무게는 장소에 따라서 변하는 양입니다. 즉 질량은 물체의 고유한 양이지만 무게는 고유한 양이 아닙니다.

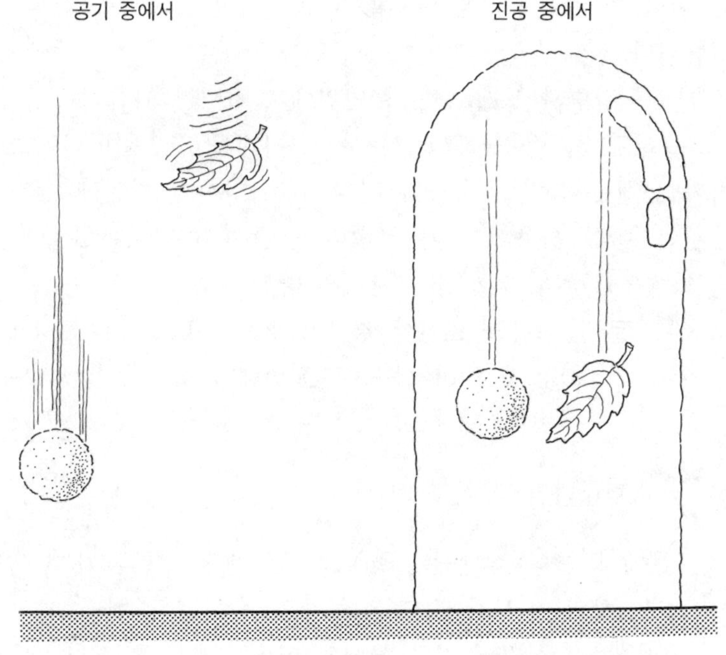

공기와 진공 중에서의 쇳덩어리와 나뭇잎의 낙하

물체의 무게란 물체를 잡아당기는 중력의 크기입니다. 그런데 중력의 크기는 지구의 모든 장소에서 뿐만 아니라 우주의 모든 행성이나 항성에서 같지 않습니다. 왜냐하면 모든 곳에서 중력 가속도의 크기가 다르기 때문입니다.

그렇기 때문에 무게는 장소에 따라서 변할 수밖에 없는 양이며, 그로 인해서 무게는 물체의 고유한 양이 될 수 없는 것입니다.

달의 중력은 지구의 약 6분의 1 정도밖에 되지 않습니다. 따라서 사람이 달에서 몸무게를 쟀을 때 그 수치는 지구의 약 6분의 1 정도가 됩니다. 이것은 달에 도착한 우주인이 달 표면 위를 가볍게 훌쩍훌쩍 뛰어다니는 사진으로도 쉽게 알 수 있습니다.

그래서 질량과 무게 사이의 단위에도 차이가 있습니다.

킬로그램(kg)은 물체의 질량을 나타내는 단위입니다. 그렇지만 무게는 중력 가속도와 관계 있는 양이기 때문에 질량의 단위인 kg을 사용할 수가 없습니다. 무게의 단위는 kg에 중력 가속도를 곱한 kg중을 사용합니다.

그러므로 몸무게를 표현할 경우 50kg, 40kg으로 표시해서는 안 되고 50kg중, 40kg중으로 표현해야 합니다.

탐구하기

문 물체의 운동 상태를 나타내는 두 개의 그래프가 있습니다. 하나는 시간에 따른 물체의 속도에 관한 그래프이고, 또 하나는 시간에 따른 물체의 가속도에 관한 것입니다.

그렇다면 다음의 현상 중에서 이 그래프의 특성을 가장 잘 보여 주고 있는 것은 어느 것일까요?

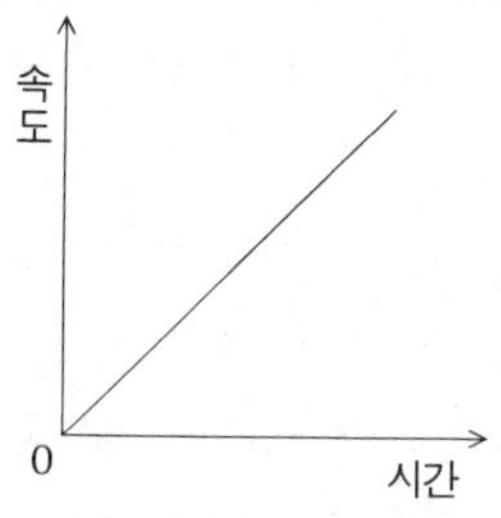

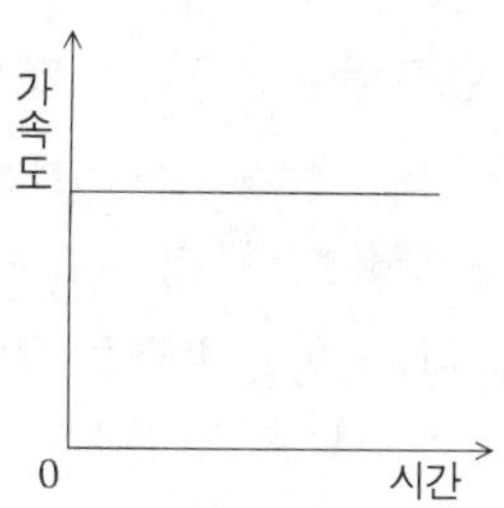

ㄱ) 갈릴레이가 피사의 사탑에서 금속공을 자유낙하시켰다.

ㄴ) 연진이가 야구공을 하늘을 향해 수직으로 던졌다.

ㄷ) 창호가 14층 아파트 베란다에서 바나나 껍질을 땅에 수직으로 떨어뜨렸다.

ㄹ) 문석이가 축구공을 찼더니 축구공이 포물선을 그리면서 멀리 떨어져 있던 인한이에게로 날아갔다.

ㅁ) 경사각이 똑같지 않은 곳에 세워 두었던 자동차가 브레이크 고장으로 경사면 아래로 내려오고 있다.

답 두 개의 그래프 중 속도에 관한 그래프는 물체의 속도가 시간에 따라서 일차적으로 비례함을 보여 주고 있습니다. 이것은 물체의 속도가 시간이 지남에 따라서 점점 더 빨라진다는 것을 말해 주는 것입니다. 그러므로 이 특징을 만족하는 것은 ㄱ), ㄷ), ㅁ)이라고 볼 수 있습니다. 왜냐하면 하늘로 올라가는 경우, 물체의 속력은 빨라지지 않고 느려지기 때문입니다.

그런데 이 그래프는 원점에서 시작을 하고 있습니다. 즉 시간이 영(0)일 때 물체의 속도 또한 영(0)이라는 사실을 말해 주고 있습니다.

이것은 또한 물체의 처음 속도가 영(0), 다시 말하면 물체가 운동을 시작하는 순간 물체에게 강제적인 힘이 가해지지 않았다는 것을 의미합니다.

따라서 이 특징을 만족하는 것은 ㄱ)과 ㅁ)입니다.

그리고 마지막으로 가속도를 보여 주는 그래프는 물체의 가속도가 항상 똑같다는 사실을 말해 주고 있습니다. 비탈면을 내려오는 물체의 가속도는 비탈면의 기울어진 각도에 따라서 변하게 됩니다.

그런데 ㅁ)의 비탈면의 경사각은 일정치 않으므로 가속도가 일정할 수 없습니다. 이것에 비해 ㄱ)과 같이 중력장에서 운동하는 물체는 항상 중력 가속도만을 받게 됩니다.

따라서 ㄱ)은 이 그래프를 만족한다고 할 수 있습니다.

문 하늘을 향해서 수직으로 쏘아 올린 대포알의 위치는 시간에 따라서 다음의 식처럼 변하게 됩니다.

$$s = v_0 t - \frac{1}{2} g t^2$$

여기에서 s는 대포알의 위치, v_0는 대포알의 처음 속력, t는 시간, 그리고 g는 중력 가속도입니다.

ㄱ)

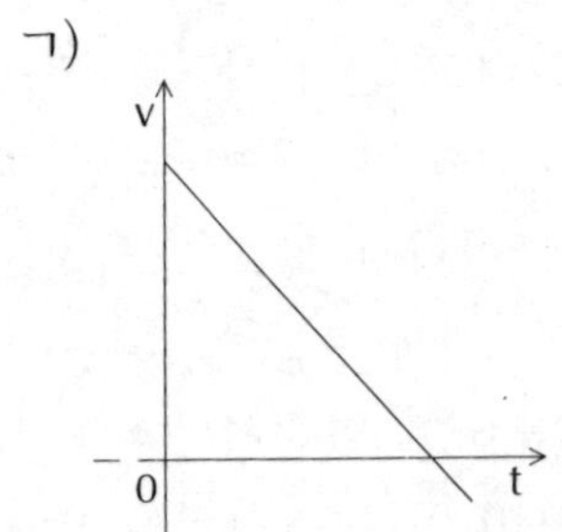

ㄴ)

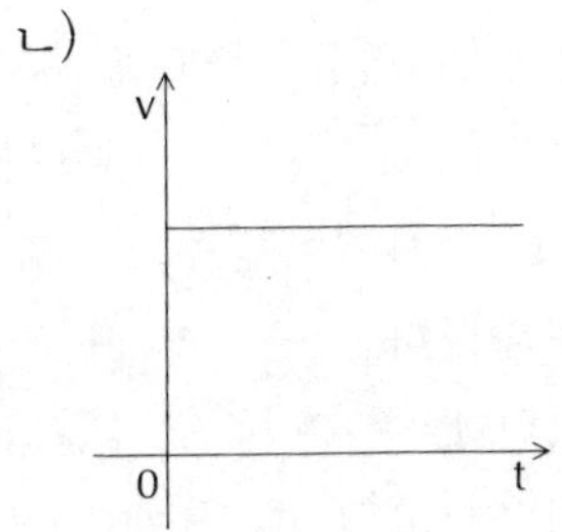

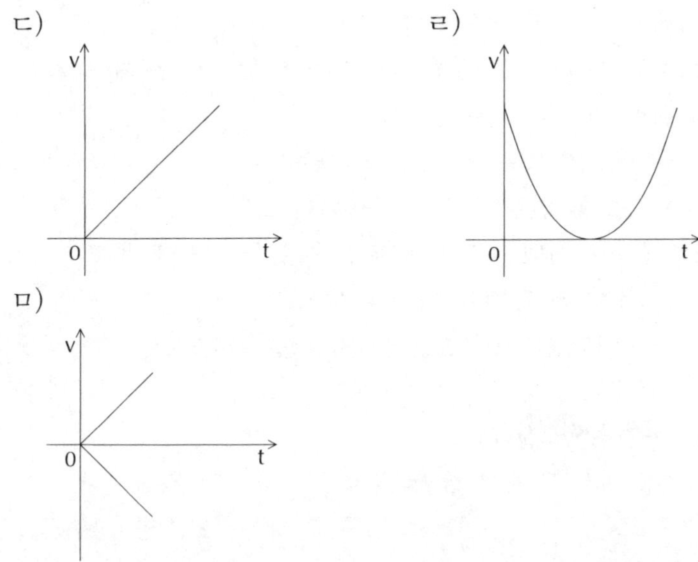

  그렇다면 위의 그래프 중에서 쏘아 올린 대포알이 땅에 떨어질 때까지의 시간에 따른 속도의 변화를 보여 주는 것은 어느 것일까요?

답 하늘로 던져 올려진 물체의 시간에 대한 거리 변화의 식은 앞에서 말한 것과 같은 모양이지만 속도와 시간에 대한 식은 다음과 같습니다.

$v = v_0 - gt$

이 식은 일차함수 $y = ax + b$의 형태입니다. 일차함수의 그래프가 직선이라는 사실을 모르는 사람은 없겠죠.

그래서 v에 y, v_0에 b, $-g$에 a, 그리고 x에 t를 각각 대입해서 생각하면 이것의 그래프가 ㄱ)과 같은 모양이라는 사실을 이해할 수 있을 것입니다.

그리고 덧붙인다면 미분 적분학을 배운 학생은 대포알의 위치에 대한 식, 즉

$s = v_0 t - \frac{1}{2} g t^2$으로부터 속도에 대한 식, 즉

$v = v_0 - gt$를 얻어낼 수가 있습니다.

거리를 미분하면 속도가 된다는 사실을 염두에 두고
$s = v_0 t - \frac{1}{2} g t^2$의 양변을 미분해 보세요?

$v = v_0 - gt$라는 식이 만들어지지 않습니까?

● 좀더 알아봅시다

지구의 모든 곳에서 중력 가속도는 똑같지 않습니다. 즉 중력 가속도는 적도 부근으로 갈수록 작아지고, 양극 부근으로 갈수록 커집니다.

지구 여러 곳에서의 중력 가속도의 크기는 다음과 같습니다.

장　소	중력 가속도 (m/s^2)
북극	9.832
그리인랜드	9.825
파리	9.810
뉴욕	9.803
서울	9.799
적도	9.780

그리고 중력 가속도의 값은 높이 올라갈수록 작아집니다. 높이에 따른 중력 가속도의 크기는 다음과 같습니다.

높이 (km)	중력 가속도 (m/s^2)
5	9.81
10	9.80
50	9.68
100	9.53
400	8.70
35700	0.225
380000	0.0027

또한 중력 가속도의 크기는 행성마다 똑같지 않습니다.

행성 이름	중력 가속도 (m/s^2)
수성	3.78
금성	8.60
지구	9.80
화성	3.72
목성	22.9
토성	9.05
천왕성	7.77
해왕성	11.0
명왕성	0.3
달	1.67
태양	274

샹들리에의 흔들림
— 진자의 등시성 —

 이야기

하루는 갈릴레이가 성당에서 기도하고 있었습니다. 그러던 중 그는 기도를 하다 말고 천장을 올려다보았습니다.

보는 순간 성당의 천장에 매달려 있는 예쁜 샹들리에로부터 눈부시게 아름다운 불빛이 퍼져 나오는 것이었습니다. 갈릴레이는 그만 이 샹들리에의 아름다운 불빛에 잠시 동안 넋을 잃었습니다.

그런데 그때 샹들리에가 흔들리고 있었습니다. 이것은 조금 전 성당 관리인이 샹들리에에 불을 켜면서 건드렸기 때문입니다. 넋을 잃고 샹들리에를 바라보고 있던 갈릴레이는 정신을 차리고 샹들리에를 다시 바라보았습니다. 샹들리에의 흔들림은 계속되고 있었습니다. 갈릴레이는 고개를 갸우뚱거리며 혼잣말로 속삭였습니다.

"거 이상한데 시간이 똑같은 것 같애!"

이 소리를 옆에서 기도하고 있던 친구가 들었습니다.

친구는 갈릴레이에게 물어 보았습니다.

"아니, 이 친구 기도하다 말고 무슨 뚱딴지 같은 소리야? 무슨 시간이 똑같다는 거야?"

"천장에 매달린 샹들리에를 한번 보게나."

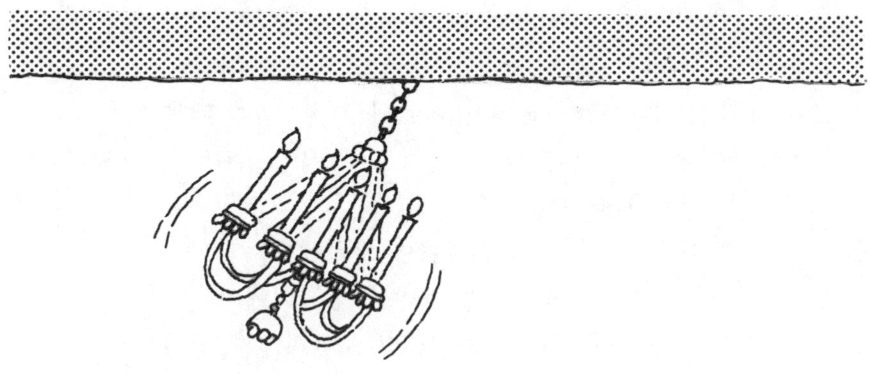

친구는 어이없는 표정을 지으면서 샹들리에를 바라보았습니다. 그리고는 말했습니다.

"그래, 샹들리에의 불빛이 아름답구만! 그것 때문인가? 그것이 그렇게 자네의 마음을 빼앗았단 말인가? 지금은 기도 시간이네. 성스럽게 기도나 드리세."

"그게 아니고 샹들리에의 흔들림 말일세!"

"샹들리에의 흔들림? 자네 말대로 샹들리에가 흔들리고 있구만. 도대체 그게 어쨌다는 건가? 샹들리에가 떨어질 것 같지도 않는데 뭘."

그러자 갈릴레이가 약간 흥분된 어조로 말했습니다.

"아니, 자네는 내가 샹들리에의 불빛이나 흔들림 때문에 흥분하고 있다고 생각하나?"

격해진 갈릴레이의 목소리에 친구가 당황했습니다.

"아니, 그게 아니면 뭐란 말이야?"

갈릴레이는 격해진 목소리를 가다듬고 나서 말을 이어 갔습니다.

"자, 저 흔들리는 샹들리에의 시간 폭이 동일한 것 같지 않은가?"

"시간 폭? 그게 뭔가?"

"샹들리에가 한쪽 끝에서 다른쪽 끝까지 움직인 다음 다시 처음 위치로 돌아올 때까지의 시간 말일세. 그 시간이 동일한 것 같다는 말일세. 나는 조금 전 나의 맥박을 이용해서 그것을 측정해 보았네. 그런데 그 시간이 비슷한 것 같았단 말일세. 이번에는 자네가 한번 해 보게나."

친구는 옷소매를 걷고서 한 손을 손목에 갖다 대고 샹들리에가 흔들리는 시간을 맥박으로 재어 보았습니다.

그리고 잠시 후 친구는 말했습니다.

"그래 자네 말대로 비슷한 것 같구만. 그런데 그게 그렇게 대단한…….."

갈릴레이는 너무나 흥분한 나머지 친구의 말이 끝나기도 전에 무릎을 쳤습니다.

"그래, 바로 그거야!"

 사고하기

천장에 매달린 샹들리에나 괘종시계의 시계추나 용수철에 매달린 물체는 모두 왕복 운동을 한다는 공통된 특성을 가지고 있습니다.

또한 이것들은 외부로부터 힘이 가해지지 않을 경우 똑같은 위치에 계속 정지해 있습니다.

그렇지만 이러한 물체에 외부적인 힘이 가해진다면 이것들은 왼쪽에서 오른쪽 또는 앞쪽에서 뒤쪽으로 움직이기 시작합니다. 이 때 이 움직임은 이것들이 정지해 있을 때의 위치를 중심점으로 해서 움직이는 운동이 됩니다. 그러므로 이 운동은 이 점에 대해서 대칭을 이루는 운동이 될 것입니다.

이처럼 고정된 위치를 중심으로 해서 같은 시간 간격을 두고 반복되는 운동을 주기 운동이라고 합니다.

주기 운동하는 물체의 운동은 삼각 함수의 사인(sin, sine) 함수와 코사인(cos, cosine) 함수로 나타낼 수가 있습니다.

직각 삼각형의 밑변을 X, 높이를 Y, 가장 긴 변을 Z라고 할 경우 sin함수와 cos함수는 다음과 같이 정의됩니다.

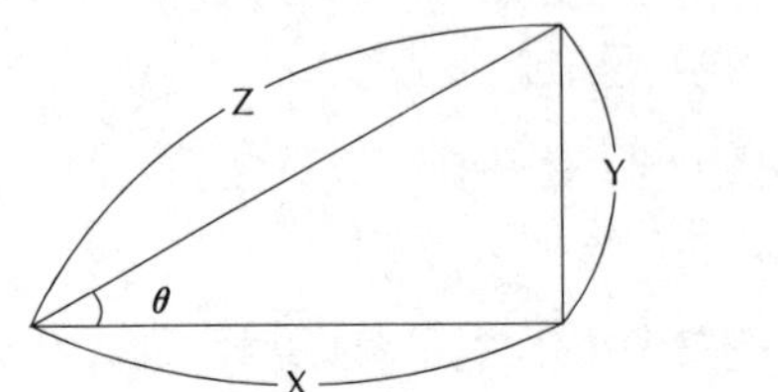

$$\sin\,\theta = \frac{Y}{Z}$$

$$\cos\,\theta = \frac{X}{Z}$$

　sin함수와 cos함수를 조화 함수라고도 합니다. 그렇기 때문에 주기 운동을 조화 운동이라고 부르는 것입니다.

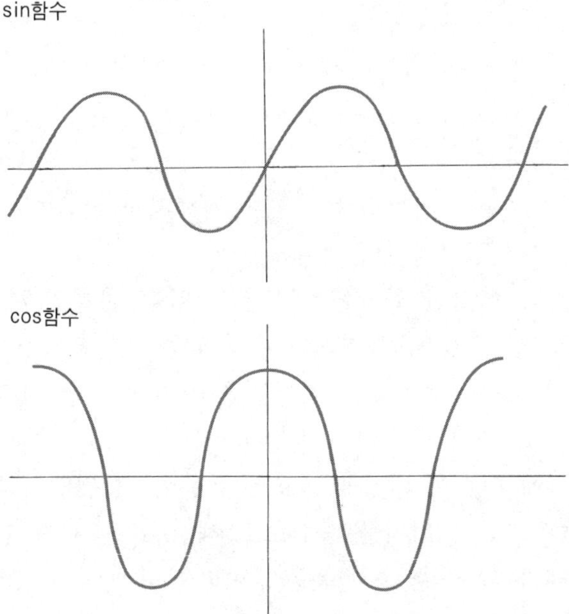

　그런데 이들의 주기 운동은 복잡하지 않고 단순하기 때문에 단순 조화 운동 또는 단조화 운동이라고도 합니다.
　단진동하는 물체가 외부로부터 힘을 받아 한번 진동하는 데 걸리는 시간을 주기라고 합니다.

예를 들면 시계추나 용수철을 잡아당겼다가 놓을 경우 시계추나 용수철에 매달린 물체는 왕복 운동을 하게 됩니다. 이때 이 물체들이 다시 처음 위치로 돌아오기까지 소요된 시간을 주기라고 합니다. 물론 이 물체들은 한 번의 주기가 지나면 똑같은 운동을 반복하게 됩니다.

그리고 주기 운동하는 물체가 1초 동안 진동한 횟수를 진동수라고 합니다.

FM 라디오 방송국의 주파수가 90MHz라고 할 경우의 이 주파수가 바로 진동수를 나타내는 것입니다. M(메가)란 100만을 나타내는 단위이고 Hz(헤르츠)란 진동수를 나타내는 단위입니다. 따라서 90MHz란 1초 동안에 9000만 번 진동한다는 것을 의미합니다.

그런데 진동수와 주기 사이에는 아주 밀접한 관계가 있습니다. 주기의 역수가 진동수이고 진동수의 역수가 주기입니다. 즉, 주기 $= \dfrac{1}{\text{진동수}}$ 또는 진동수 $= \dfrac{1}{\text{주기}}$ 입니다.

예를 들면 위에서 진동수가 90MHz일 경우에 그 주기는 $\dfrac{1}{90\text{MHz}}$ 이 됩니다. 다시 말해서 이것은 한 번 진동하는 데 걸리는 시간이 9000만 분의 1초라는 것입니다.

주기 운동을 하는 물체의 운동은 sin함수나 cos함수로 나타낼 수 있는데 sin함수의 그래프는 다음과 같습니다.

가운데 가로의 중심선에서 sin함수의 가장 높은 곳까지를 진폭이라고 합니다. 이 길이는 단진동하는 물체가 중심 위치에서 한쪽 방향으로 움직인 거리가 됩니다. 물론 sin함수의 가장 낮은 위치에서 높은 위치까지는 단진동 하는 물체가 한쪽 방향에서 다른쪽 방향까지 움직인 거리가 되겠죠!

sin함수의 그래프는 물결의 운동 즉 파동의 운동에서도 동

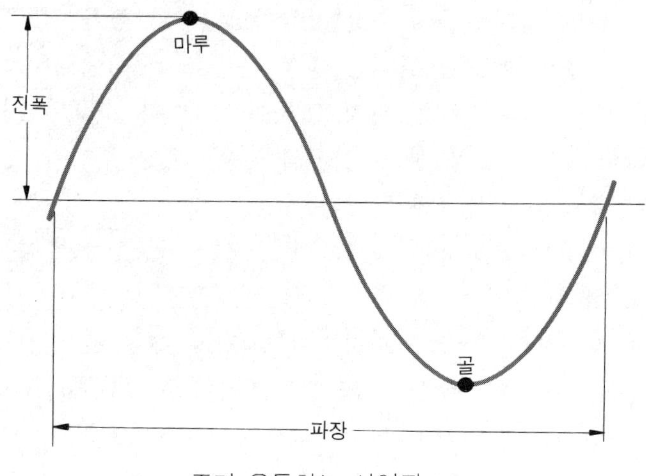

주기 운동하는 사인파

일하게 적용됩니다. 가령 파동에서도 가운데 중심선에서 sin 함수의 가장 높은 부분까지를 진폭이라고 합니다.

그런데 파동의 경우에는 이외에도 마루, 골, 파장 같은 몇 가지의 용어를 더 사용합니다.

sin함수의 가장 높은 부분을 마루라 부르고 가장 낮은 부분을 골이라고 합니다. 그리고 파가 한 번 진동하는 동안 움직인 거리를 파장이라고 합니다.

이제 용수철이나 가벼운 실에 매달린 추가 어떤 운동을 하는지 알아보도록 할까요?

용수철에 추를 매달아 진동시키는 장치를 일컬어 용수철 진자라고 하며, 가벼운 실에 작은 추를 매달아 진동시키는 장치를 단진자라고 합니다.

용수철에 매달린 추를 잡아당겨 보세요. 그럼 추는 용수철과 함께 늘어나게 될 것입니다. 그런 다음 추를 손에서 놓으

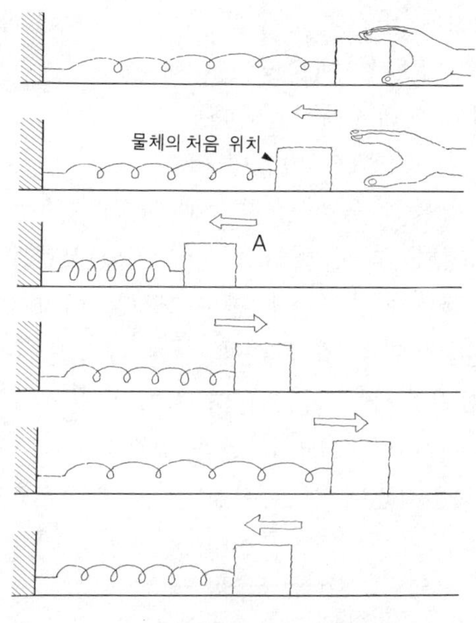

용수철 진자의 왕복 운동

면 추는 일정한 진폭으로 왕복 운동하게 될 것입니다.

그런데 용수철 중에는 잡아 늘이기가 힘든 것도 있고 또 그렇지 않은 것도 있습니다. 이것은 용수철의 탄성 계수 때문입니다.

탄성 계수란 잡아 늘여진 용수철이 다시 원래 상태로 수축하려고 하는 힘을 제공해 주는 인자입니다. 쉽게 말해서 잡아 늘이기 힘든 용수철은 탄성 계수가 큰 용수철이고, 그렇지 않은 것은 탄성 계수가 작은 용수철입니다.

용수철의 탄성 계수는 용수철 진자의 운동에 큰 영향을 미칩니다. 그리고 용수철 진자의 운동에 영향을 주는 요소가 하나 더 있는데 이것은 추의 질량입니다.

　용수철 진자의 주기는 용수철에 매달린 추의 질량이 가벼울수록, 용수철의 탄성 계수가 클수록 작아지게(한 번 왕복 운동하는 시간이 빨라지게) 됩니다.

　단진자의 경우는 약간 다릅니다.

　단진자가 왕복 운동하는 주기에 영향을 주는 요소는 추의 질량이 아닙니다. 다시 말하면 실에 매달린 추의 질량은 단진자가 한 번 왕복하는 시간에 전혀 영향을 미치지 못합니다.

　우리가 일반적으로 생각할 때 실에 매달린 추의 질량이 무거우면 왕복 운동하는 시간이 더 길어질 것 같고 가벼우면 더 빨라질 것 같습니다. 그리고 실을 옆으로 많이 올렸다 놓으면 왕복 운동하는 시간이 더 길어질 것 같고 조금 올렸다 놓으면

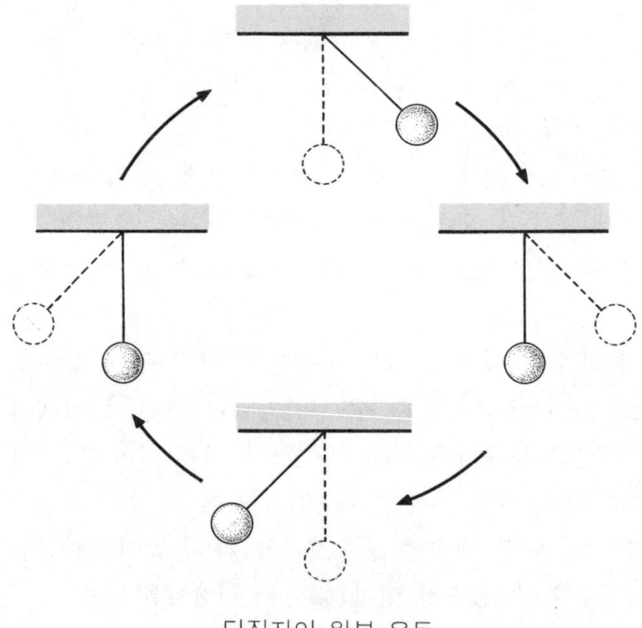

단진자의 왕복 운동

더 빨라질 것 같습니다.

그렇지만 이것은 잘못된 생각입니다.

단진자의 운동에 영향을 주는 요소는 추의 질량과 실의 진폭이 아니라 실의 길이와 중력 가속도입니다.

그런데 한 곳의 중력 가속도는 물체의 질량에 상관없이 똑같으므로 실질적으로 단진자의 주기에 영향을 주는 요소는 실의 길이입니다. 물론 위치가 바뀌면 중력 가속도가 바뀌니 그런 경우에는 중력 가속도도 중요한 역할을 하겠지요.

단진자의 주기는 실의 길이가 길면 길수록 커지게(한 번 왕복 운동하는 시간이 느려지게) 됩니다. 이런 성질을 단진자의 등시성이라고 합니다.

단진자의 주기와 중력 가속도의 관계를 식으로 나타내면 다음과 같습니다.

$$T = 2\pi\sqrt{\frac{l}{g}}$$

여기에서 T는 단진자의 주기, π는 3.14……의 무리수, l은 실의 길이, g는 중력 가속도입니다.

단진동하는 물체의 운동에서 빼놓을 수 없는 것이 복원력입니다. 복원력이란 용수철이나 실에 매달린 추가 단진동할 수 있도록 해 주는 힘입니다.

용수철에 매달린 추를 잡아당겼다 놓으면 추가 왕복 운동을 하는데 이것은 바로 복원력 때문입니다.

복원력과 단진동의 관계는 다음과 같습니다.

"물체의 운동이 움직이는 거리에 비례하고 정지해 있던 쪽의 향한 힘을 받는다면 그 물체는 단진동한다."

이것을 적용할 수 있는 아주 재미있는 상상 실험이 있습니다.

어떤 사람이 지구의 중심을 관통하는 구멍을 뚫었습니다. 그런 다음 이 구멍에 돌멩이를 떨어뜨렸습니다. 그러면 이 돌멩이는 어떠한 운동을 하게 될까요?

일정한 속력으로 구멍을 완전히 통과해 나갈까요?

아니면 지구의 중심 부근에 이르러 정지하게 될까요?

둘 다 아닙니다.

돌멩이는 지구의 이쪽 끝에서 저쪽 끝으로 왔다갔다 하는 왕복 운동을 하게 됩니다.

이것은 지구가 회전하지 않고 균일한 물질로 균등하게 채워졌다고 가정할 때, 지구는 움직이는 거리에 비례하고 항상 원래의 상태로 되돌아가려는 복원력을 물체에 작용시키기 때문입니다.

 탐구하기

문 장난감 기차가 철로 위를 빙빙 돌고 있습니다. 이때 장난감 기차의 옆쪽에서 빛을 비추면 장난감 기차는 벽에 그림자를 드리우게 될 것입니다.

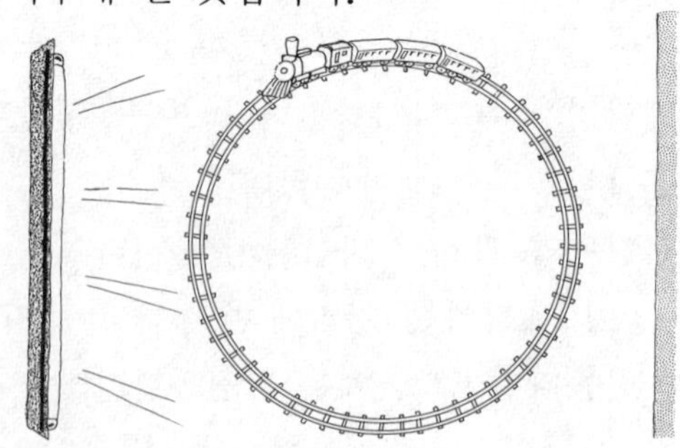

그러면 벽에 나타난 장난감 기차의 그림자는 어떠한 모양일 까요?

ㄱ) 동그란 원형의 모양이다.
ㄴ) 약간 찌그러진 타원의 모양이다.
ㄷ) 직사각형의 모양이다.
ㄹ) 정사각형의 모양이다.
ㅁ) 일직선의 모양이다.

답 둥그런 원을 그리면서 움직이는 물체의 옆쪽에서 빛을 비추면 그림자는 일직선의 모양을 나타내면서 운동을 합 니다.

이것은 주기적으로 변하는 왕복 운동입니다. 따라서 정답은 ㅁ)입니다.

문 예쁜 방울종이 방 천장에 매달려 있습니다. 방울종을 옆 으로 살짝 들었다가 놓으면 방울종은 딸랑딸랑 소리를 내면서 왕복 운동을 하게 될 것입니다. 그러면 방울종의 속력 은 어느 순간 가장 빠를까요?

ㄱ) 방울종이 왕복 운동을 한 후 다시 처음의 위치로 되돌 아왔을 때이다.
ㄴ) 방울종이 가장 낮은 위치를 지날 때다.
ㄷ) 방울종을 놓는 순간의 높이와 같은 반대편 쪽의 높이까 지 방울종이 올라왔을 때다.
ㄹ) 방울종이 올라갈 수 있는 가장 높은 위치와 내려갈 수 있는 가장 낮은 위치의 중간 위치에 갔을 때다.
ㅁ) 방울종의 속력은 방울종이 움직이는 모든 위치에서 항

상 똑같다.

답 움직이는 물체의 속력은 운동 에너지와 위치 에너지에 영향을 받습니다. 즉 움직이는 물체의 속력은 운동 에너지가 크면 클수록 커지고 위치 에너지가 크면 클수록 작아집니다.

그런데 왕복 운동, 즉 단진동하는 방울종이 가장 낮은 위치에 왔을 때 방울종의 운동 에너지는 최고가 되고 위치 에너지는 최저가 됩니다. 그러므로 방울종이 가장 낮은 위치에 왔을 때 방울종의 속력이 가장 빠릅니다. 따라서 정답은 ㄴ)입니다.

● 좀더 알아봅시다

단진동 하는 물체의 운동을 알아보는 데 있어서 항상 함께 고려해야만 하는 것이 있는데 이것은 에너지입니다.

에너지란 일을 할 수 있는 능력 또는 가능성입니다.

에너지에는 여러 가지 종류가 있는데 힘과 관련된 에너지로는 운동 에너지와 위치 에너지가 있습니다.

운동 에너지란 운동하는 물체가 가지고 있는 에너지를 말하죠.

예를 들면 날아가는 돌멩이는 유리를 깰 수 있는 잠재적인 능력을 가지고 있는데 이처럼 운동하기 때문에 가지게 되는 물체의 에너지를 운동 에너지라고 합니다.

위치 에너지란 물체가 원래의 위치에서 벗어났기 때문에 가지게 되는 에너지를 말하죠.

예를 들면 높은 곳에서 떨어지는 물을 이용하면 물레방아를 돌려 에너지를 얻을 수 있는데 이처럼 물체가 본래의 위치에서 다른 위치로 옮겨지면서 가지게 되는 에너지를 위치 에너지라고 합니다.

위치 에너지는 일을 하는 힘의 종류에 따라서 여러 가지로 분류되는데 그 힘이 중력이면 중력에 의한 위치 에너지가 되고, 그 힘이 용수철의 탄성력이면 탄성력에 의한 위치 에너지가 됩니다.

운동 에너지와 위치 에너지를 합한 에너지를 역학적 에너지라고 하는데 운동하는 물체가 어느 순간 어느 위치에 오더라도 역학적 에너지는 항상 똑같습니다. 이것을 역학적 에너지 보존 법칙이라고 합니다. 물론 이 경우에는 마찰력이 작용하지 않는다는 가정이 전제되어야 합니다.

우주의 신비

장막을 걷게 하다
— 태양 중심설 —

 이야기

코페르니쿠스는 폴란드 출신의 천문학자였습니다. 숙부와 교회의 도움으로 이탈리아에서 공부를 하면서 그가 숙부에게 보낸 편지에는 다음과 같은 글귀가 적혀 있었습니다.

"저는 이곳에서 신학 공부에 열중하고 있습니다. 저는 평소 천문학에 깊은 관심을 가지고 있었는데, 오늘 천문학 강의를 듣게 되어 무척 기뻤습니다. 그렇다고 제가 지금 신학 공부를 게을리하는 것은 아닙니다. 저는 신학 공부를 열심히 하면서 틈틈이 천문학도 공부하고 싶습니다."

그후 코페르니쿠스는 낮에는 교회의 성직자로서, 밤에는 우주를 관측하는 천문학자로서 바쁜 나날을 보냈습니다.

그러던 중 한 가지 의문이 생겼습니다.

'정말 지구는 우주의 중심일까?'

코페르니쿠스의 이러한 호기심은 시간이 흐르면 흐를수록 점점 더 커지기 시작했습니다. 그러다가 코페르니쿠스는 다음과 같은 생각을 하게 되었습니다.

'우주에서 지구만이 독특한 특성을 가질 이유는 없다. 지구도 우주에 존재하는 수많은 천체들처럼 무한한 우주 공간 안에서 운동하고 있을 것이다. 만약 달에서 우주를 바라볼

우주 안에서
지구만이 특별한
존재일 필요가
있을까 ?

수 있다면 달에서 바라본 우주의 모습도 지구에서 바라본 우주의 모습과 같을 것이다.'

우주에 대한 이러한 생각과 관찰 결과에 힘입어 코페르니쿠스는 천동설에 반대되는 이론인 지동설을 주장하게 되었습니다.

물론 코페르니쿠스의 이런 주장이 즉각 공개적으로 이루어지게 된 것은 아닙니다. 그는 교황청의 분노를 두려워한 나머지 친한 친구들에게만 이 사실을 알렸습니다.

그러나 코페르니쿠스의 이론에 반한 한 학자의 끈질긴 권유로 마침내 책으로 펴내긴 했으나 임종하는 순간에야 비로소 코페르니쿠스는 책을 받아 볼 수 있었습니다.

 사고하기

우리가 여기에서 알아보려고 하는 것은 코페르니쿠스에 의해서 주장된 지동설이 그 당시 사회에 끼친 충격과 영향에 대해서 입니다.

먼저 천동설과 지동설의 차이점이 무엇인지 잠시 살펴보도록 하겠습니다.

천동설이란 지구는 정지된 채로 우주의 중심에 놓여 있고 지구의 둘레를 우주의 모든 천체들이 돈다는 이론입니다.

이것에 비해 지동설은 지구도 우주 안의 다른 천체와 마찬가지로 하나의 천체에 불과하며 이들 모두 태양의 둘레를 돌고 있다는 이론입니다.

그러면 도대체 지구가 태양의 둘레를 돈다는 이론(오늘날에는 너무나도 당연한 이론이지만) 속에 어떤 깊은 뜻이 숨겨져 있길래 코페르니쿠스는 이것의 발표에 대해 그렇게 주저한 것일까요?

이것을 알기 위해서는 무엇보다도 먼저 코페르니쿠스가 살았던 시대적 상황이 어떠했느냐에 대해서 살펴볼 필요성이 있습니다.

중세 유럽 사회에서 교회의 힘은 그야말로 막강하기 이를데 없었습니다. 그리고 그 당시 유럽의 종교계에는 지구가 우주의 왕이라는 지구 중심설 즉 천동설을 주장하고 있었습니다. 그 당시까지 지구 중심설은 1000여 년 이상 동안 교회의 품 안에서 한치의 흔들림도 없이 유럽 세계에 전해져 왔습니다.

사회적 분위기가 이러한 속에서 지동설의 주장은 그야말로 유럽 사회를 밑바닥부터 뒤흔드는 대혼란을 일으키게 했습니다. 사실 코페르니쿠스의 주장은 쿠데타에 의해서 하나의 왕정이 붕괴되는 정치적인 혁명과는 비교도 되지 않을 만큼 대단한 것이었습니다.

그 당시 브루노라는 학자가 코페르니쿠스의 지동설을 지지하다가 화형당하는 비극이 일어나기도 했습니다.

곳곳에서 코페르니쿠스를 비난하는 말이 무성했습니다.

"미친 놈이 나타났다."

"천문학이 뭔지도 모르는 놈이 천문학 체계를 제 마음대로 뒤집어 놓으려고 한다."

그러나 진리는 반드시 승리하게 되어 있습니다.

그후 코페르니쿠스의 지동설은 몇몇 위대한 학자들의 끊임없는 연구로 옳다는 사실이 밝혀지게 되었습니다. 이렇게 해서 중세의 어두운 장막은 서서히 걷히기 시작한 것입니다.

16~17세기에 걸쳐 유럽에서는 획기적인 사건들이 연속적

으로 일어났습니다. 그런데 특이한 것은 그 당시 유럽에서 일어난 혁명적인 사건들의 대부분이 과학 분야에서 일어났다는 것입니다. 그래서 이것을 이른바 과학 혁명이라고 합니다.

이러한 과학 혁명의 선두주자로 꼽을 수 있는 사람이 바로 코페르니쿠스입니다. 코페르니쿠스에 의해서 이룩된 혁명은 천문학의 혁명이었습니다.

여기에서의 천문학의 혁명이란 프톨레마이오스의 지구 중심적인 우주 체계를 무너뜨리는 것이었습니다.

프톨레마이오스는 2세기경 고대 그리스의 천문학자로서 그 당시까지 이어져 내려온 천문학 지식을 종합해서 완성시킨 사람입니다.

코페르니쿠스가 지동설을 발표하자 그 당시의 유럽 사회에는 혁명의 기운이 솟아오르게 되었습니다.

이제 더 이상 인간은 가장 존엄한 존재가 아니고, 지구 또한 우주의 중심이 아닌 우주에 있는 하나의 작은 행성에 불과한 존재가 된 것입니다.

이처럼 코페르니쿠스의 지동설은 그 당시 유럽 사회의 사상계를 완전히 밑바닥부터 뒤엎는 변화를 가져오는 데 결정적인 시금석 역할을 했던 것입니다.

 탐구하기

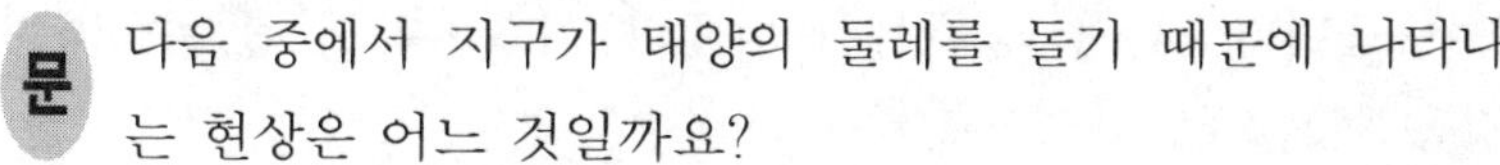

문 다음 중에서 지구가 태양의 둘레를 돌기 때문에 나타나는 현상은 어느 것일까요?

ㄱ) 해안에 서서 수평선을 바라보니 잠시 후 배의 모습이 보이기 시작했다.

ㄴ) 바깥쪽에 위치해 있는 은하일수록 더 빨리 후퇴한다.

ㄷ) 프리즘을 이용해서 태양 빛을 통과시켜 보면 일곱 가지 무지개색이 나타난다.

ㄹ) 지구에서는 달의 한쪽 면만을 볼 수 있다.

ㅁ) 밤하늘에 떠 있는 별자리의 위치는 계절에 따라서 변한다.

답 지구가 태양 둘레를 공전하기 때문에 지구에 봄, 여름, 가을, 겨울이라는 사계절이 찾아오고, 그에 따라서 별자리의 위치도 변하게 되는 것입니다.

그러면 나머지 예들은 어떤 현상을 말해 주고 있는지 알아봅시다.

해안에 서서 수평선을 바라보니 안 보이던 배가 보이기 시작하는 것은 지구가 둥글다는 증거입니다.

바깥쪽에 위치해 있는 은하일수록 더 빨리 후퇴하는 것은 우주가 팽창하고 있다는 증거입니다.

프리즘을 통과한 태양 빛이 일곱 가지 무지개 색으로 나타나는 것은 태양 빛이 백색이 아니기 때문입니다.

지구에서는 달의 한쪽 면만을 볼 수 있는데 이것은 달의 공전 주기와 자전 주기가 같기 때문입니다.

문 지구와 달을 비롯해서 태양계에는 여러 가족이 살고 있습니다. 다음 중에서 태양계의 가족이라고 볼 수 없는 것은 어느 것일까요?

ㄱ) 수성, 금성, 지구, 화성, 목성, 토성, 천왕성, 해왕성, 명왕성의 9개 행성

ㄴ) 화성과 목성 사이에 존재하는 약 2000여 개의 소행성

ㄷ) 갈릴레이에 의해서 발견된 목성의 위성

ㄹ) 안드로메다 은하

ㅁ) 지구 대기권으로 들어오다가 대기와의 마찰 때문에 빛
    을 내면서 타 버리는 유성

답 태양과 9개의 행성, 소행성, 위성, 유성, 혜성 등은 모두 태양계 내부에 존재하는 천체, 즉 태양계를 구성하는 천체들입니다. 그런데 태양계는 은하에 속해 있습니다.

태양계가 속해 있는 은하를 이른바 우리 은하라고 하는데 우리 은하는 나선 모양을 하고 있습니다. 그래서 우리 은하를 정상 나선 은하라고도 합니다. 그러나 우주 안에는 우리 은하만이 있는 것이 아니라, 약 1000여 개 이상의 은하가 존재하고 있습니다. 이런 은하들 중의 하나가 바로 안드로메다 은하입니다. 따라서 안드로메다 은하가 태양계의 구성원이 될 수 없는 이유를 알 수 있겠죠!

● 좀더 알아봅시다

지구가 자전 운동과 공전 운동을 하기 때문에 나타나는 현상이 있습니다. 이것을 크게 지구의 자전에 의한 현상과 공전에 의한 현상으로 구분합니다.

지구가 자전하기 때문에 나타나는 가장 대표적인 현상은 별의 일주 운동입니다. 별의 일주 경로를 일주권이라고 하는데 이것은 적도면과 평행하고 지평면과 $90° - A$(위도)의 경사를 이루며, 북쪽 하늘에서는 북극을 중심으로 동심원을 그린답니다.

그리고 별을 관측하다 보면 지평선 아래로 지지 않아 항상 관측할 수 있는 별이 있는데 이런 별을 주극성이라고 합니다. 또한 지평선 위로 뜨지 않아 전혀 관측할 수 없는 별이 있는데 이런 별을 전몰성이라고 합니다.

지구가 공전하기 때문에 나타나는 현상에는 태양의 시운동, 별자리의 변화, 계절의 변화 등이 있습니다.

태양은 하루에 약 1°씩 황도상을 서쪽에서 동쪽으로 이동하는데, 이것을 태양의 시운동 또는 연주 운동이라고 합니다.

지구가 태양 주위를 회전하는데 지구의 자전축이 황도면에 대해 $66.5°\,(= 90° - 23.5°)$ 기울어져서 공전하기 때문에 계절의 변화가 나타나게 되고, 밤하늘의 별자리 또한 바뀌게 되는 것입니다.

그래도 역시 지구는 돈다

 이야기

1633년 이탈리아 로마의 한 수도원에서는 역사상 매우 중요한 의미를 갖는 종교재판이 진행되고 있었습니다. 이 종교재판에는 추기경, 교회와 관련된 사람, 그리고 재판 결과에 남다른 관심을 가지고 있던 많은 사람들이 참석했습니다.

이날 이 자리에서 종교재판을 받고 있던 사람은 다름 아닌 갈릴레이였습니다.

갈릴레이가 종교재판을 받게 된 것은 다음과 같은 이유 때문이었습니다.

"그대, 갈릴레이는 다음과 같은 세 가지의 죄 때문에 오늘 이 자리에 서게 되었다.

첫째, 그릇된 교의를 많은 사람들에게 정당한 것처럼 퍼뜨리고 가르친 죄이다.

둘째, 자신의 견해를 덧붙여 성서의 가르침과는 반대되는 가설을 만든 죄이다.

셋째, 1615년 그대는 종교 재판소에 한 번 고발된 적이 있는데 그때의 약조를 어긴 죄이다.

이에 따라 본 재판소에서는 다음과 같이 판결한다.

첫째, 태양이 움직이지 않으면서 우주의 중심에 있다는 명제는 매우 불합리한 것일 뿐만 아니라 철학적으로도 틀린 것이고 성서에도 위배되는 것이다. 그러므로 이것은 형식상 완전히 이단이다.

둘째, 지구가 우주의 중심이 아니고 움직인다는 명제는 전혀 불합리한 것일 뿐만 아니라, 철학적으로나 신학적으로도 틀린 것이다."

종교 재판부는 갈릴레이에게 1616년에 있었던 판결문을 회상시켰습니다.

"우리 종교 재판부는 1616년 그대 갈릴레이에게 더 이상 이와 같은 생각을 하거나 가르치지 않는다면 그대를 풀어 주겠노라고 말했었다. 그리고 그 자리에서 그대 또한 그렇게 하겠노라고 서약했었다. 그래서 우리 종교 재판부는 그대 갈릴레이를 석방시켰다."

재판장은 판결문을 계속 읽어 나갔습니다.

"이것은 참으로 중대한 과오다. 왜냐하면 어떠한 견해라도 그것이 성서에 위배된다고 한번 시인되거나 선고되어 결정되어 버리고 나면 그것은 번복될 수 없기 때문이다. 이러한 이유로 우리 종교 재판부는 그대 갈릴레이의 주장을 둘러싼 모든 사항들을 두루 검토하고 신중히 판단한 끝에 그대에게 다음과 같은 최종 판결을 내리게 되었다.

그대 갈릴레이는 성서에 위배되는 교의를 생각하고 알리는 과오를 범했으며, 또한 그것이 성서에 위배된다고 이 자리에서 참회한 이후에도 계속해서 그것을 믿고 지지해 왔다. 그러므로 그대는 위반자에게 가해지는 비난과 형벌을 마땅히 받아야 한다. 그러나 그대가 참된 마음과 성실한 신앙을 가지고 지금 이 자리에서 로마 가톨릭과 교회에 위배되는 모든 과오와 이단을 포기하고 저주하고 혐오한다는 전제조건으로, 그대를 비난과 형벌에서 사면해 주는 것을 즐거움으로 삼는 바이다.

더욱이 우리 종교 재판부는 그대 갈릴레이의 저서가 공공연하게 세상에 알려지는 모든 행위를 지금 이 순간부터 금지할 것을 선고한다. 그리고 그대를 일정한 기간 동안 이 종교 재판소에서 정식으로 감금할 것을 통보한다. 또한 참된 회개의 방법으로 우리 종교 재판부는 그대 갈릴레이에게 앞으로 3년간 시편 암송을 명한다.”

갈릴레이에 대한 판결문의 낭독이 끝나자 종교 재판부는 갈릴레이를 꿇어앉게 하여 다음과 같은 서약을 하게 하였습니다.

“나 갈릴레이는 당재판소에 나와 추기경 및 이단의 부패에 대항하는 전세계 그리스도교국의 종교 재판소장님 앞에 꿇어엎드려 성서에 내 손을 얹으면서 성 가톨릭과 로마 교회가 지지하고 선교해 온 모든 것을 나는 언제나 믿어 왔으며 신의 도움으로 앞으로도 계속 믿을 것을 서약했었습니다.

그러나 나 갈릴레이는 이 종교 재판소에서 태양이 우주의 중심이고 움직이지 않는 존재라고 주장하는 그런 그릇된 견해를 포기하도록 명령받았을 뿐만 아니라, 또한 위의 교의를 지지하고 변호하고 가르치는 모든 행위를 법으로써 금지당했음에도 불구하고 이를 어기고 글을 써서 출판했습니다.

그러므로 나는 나에 대하여 품은 격렬한 혐의를 모든 가톨릭 교도의 심적 도움으로 벗기를 갈망하기에 나는 진실한 마음으로 위의 과오를 뉘우치고 신성한 교회에 위배되는 이단적인 행위를 포기하고, 저주하고, 혐오합니다.

나는 앞으로 그런 행위를 불러일으킬 수 있는 것을 어떠한 형태나 행위로도 결코 주장하지 않을 것입니다. 그리고 만약 이런 이단의 혐의를 받고 있는 사람이나 완전한 이단자를 알게 되면 나 갈릴레이는 그 사람을 이 종교 재판소나 또는 내가 사는 마을의 종교 재판관에게 알릴 것을 서약합니다.

더 나아가 나 갈릴레이는 이 종교 재판소가 나에게 과하거나 앞으로 내게 과할 모든 회개를 성실하게 실행하고 지킬 것을 엄숙히 맹세하고 약속합니다. 그럼에도 불구하고 나 갈릴레이가 한 약속이나 서약에 위배되는 행위를 했을 경우 성스러운 법규나 법률로 규정된 모든 형벌을 달게 받겠습니다.

신이여, 내가 손을 얹고 있는 성서여, 나를 구하소서.

나 갈릴레이는 이상과 같이 선서하고 약속합니다.

이것의 증거로서 나 갈릴레이는 이 선서 문구의 한 구절 한 구절을 되새기고 외우면서 나 자신의 손으로 서명합니다."

 사고하기

우주의 중심이 지구가 아니라 태양이라는 태양 중심설은 이미 코페르니쿠스에 의해서 밝혀졌습니다. 그러나 코페르니쿠스가 죽은 후 태양 중심설은 세인들의 관심으로부터 멀어졌습니다.

그런데 여기에 새롭게 불을 지른 사건이 갈릴레이에 의해서 일어나게 되었습니다.

갈릴레이는 먼 곳에 있는 물체를 가깝게 확대해서 볼 수 있는 망원경이라는 것이 네덜란드의 안경 기술자에 의해서 만들어졌다는 소식을 전해 들었습니다.

이 소식을 듣자마자 갈릴레이는 망원경 만드는 일을 시작했습니다. 그는 손수 렌즈를 깎고 렌즈의 광학적인 성질을 연구하고, 렌즈를 여러 가지 형태로 조합시키는 줄기찬 노력 끝에 망원경을 만들어 냈습니다.

이 당시 갈릴레이는 코페르니쿠스의 절대적인 지지자였습니다. 그래서 그는 자신이 만든 망원경을 사용해서 하늘을 연구하기로 결심했습니다.

이것이 바로 갈릴레이의 위대한 점입니다.

다시 말하면 단지 배율이 높은 망원경을 만들었다는 사실이 갈릴레이를 위대한 인물로 칭송받게 한 것이 아니라, 망원경을 가지고서 하늘, 즉 자연 현상을 관찰하고 연구했다는 사실이 갈릴레이를 위대한 인물로 만든 것입니다.

갈릴레이가 망원경을 통해서 본 하늘은 자신이 생각하고 있었던 것보다 훨씬 더 크고 넓었으며, 별 또한 셀 수도 없을 만큼 엄청나게 많았습니다.

이러한 하늘의 관찰을 통해서 갈릴레이는 태양의 흑점과 달의 표면이 매끄럽지 않고 지구의 표면처럼 울퉁불퉁하다는 사실을 발견했습니다. 그리고 그는 달이 초생달 모양에서 보름달 모양으로 변하듯이 금성 또한 변한다는 사실을 발견했습니다.

갈릴레이에 의해 밝혀진 이러한 연구 결과들은 하늘의 진실된 모습에 대해서 전혀 무지할 수밖에 없었던 그 당시 사람들에게는 충격적이었습니다.

1610년 갈릴레이는 목성의 주위를 4개의 위성이 회전하고 있다는 사실을 발견했습니다. 이것은 태양을 중심으로 지구를 포함한 태양계의 여러 행성들이 회전하고 있는 태양계의 모양

목성의 위성
목성
지구
태양
어~ 목성의 위성은
지구 둘레를 회전하고
있지 않네?

과 비슷했던 것입니다.

　이렇게 되자 하늘의 모든 천체들이 지구 주위를 돌고 있다는 지구 중심적인 사상은 이제 더 이상 버틸 수가 없게 되었습니다.

　그리고 이것과 함께 아리스토텔레스라는 하나의 큰 기둥도 무너지지 않을 수 없게 되었습니다.

　아리스토텔레스는 운동을 신성한 천상계의 운동과 비천한 지상계의 운동으로 나눈 다음 이것들은 각각 서로 다른 운동의 질서에 따른다고 주장했습니다. 그는 비천한 지상계의 운동은 영원히 존속할 수 없는 직선 운동이고, 신성한 천상계의 운동은 영원불멸한 원 운동이라고 생각했습니다.

　바로 이런 어처구니없는 아리스토텔레스의 과학 사상이 근대 과학이 나타나기 이전까지 무려 2000여 년 이상 동안 서구의 과학 사상을 지배했던 것입니다.

　아리스토텔레스는 지상계의 운동과 천상계의 운동을 천한 것과 신성한 것으로 확연하게 구분하면서 식물은 동물에게, 동물은 인간에게, 그리고 인간은 절대자인 신에게 반드시 복종해야만 한다는 위계 사상을 주장했던 것입니다. 즉 아리스토텔레스는 하위의 것은 상위의 것에 반드시 복종해야만 한다는 비과학적인 위계 사상을 내세웠던 것입니다.

　그런데 이것이 중세 유럽의 교회가 내세우는 교리와 너무나도 일치했기 때문에 아리스토텔레스의 과학 사상은 비합리적인 것임에도 불구하고 약 2000여 년 이상 동안 교회의 막강한 비호하에 서구 사회를 지배할 수 있었던 것입니다.

　한마디로 말해 지구가 주인의 자리를 태양에게 넘겨 준다는 것은 아리스토텔레스 사상의 붕괴임과 동시에 중세 교회의 붕

괴 그 자체였던 것입니다. 그랬기 때문에 중세 유럽의 교회들은 기를 쓰고 지구 중심설을 지지했던 것입니다.

권력이라고는 손에 잡아 보지도 못했던 늙은 한 학자가 그 당시 막강한 힘을 발휘하고 있던 기득권층의 반발에 커다란 시련을 겪지 않을 수 있었겠습니까?

이렇게 하여 갈릴레이는 종교재판에 회부된 것입니다.

그렇지만 그 어떠한 무력도 자연의 진리를 막을 수는 없습니다.

종교재판을 받고 나온 갈릴레이가 속삭이듯이 친구들에게 했다는 유명한 말이 있잖습니까?

"그래도 역시 지구는 돈다."

 탐구하기

문 태양으로부터 수성 다음으로 가깝게 위치해 있는 금성은 이른 새벽 동쪽 하늘에서 볼 수 있다고 해서 샛별이라고도 합니다. 그러면 (가)의 위치에 있을 때와 (나)의 위치에

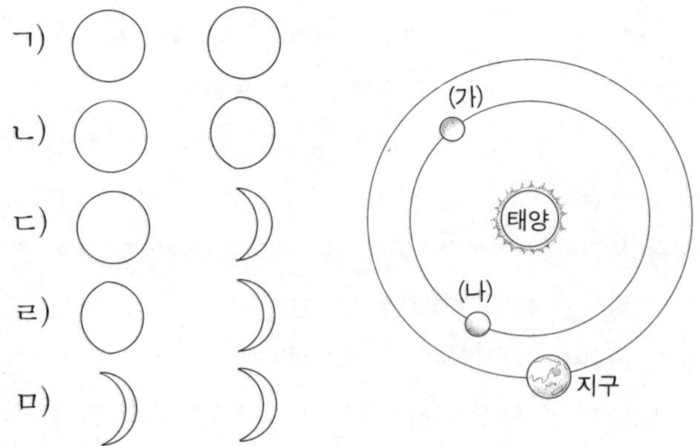

있을 때 금성은 어떻게 보일까요?

답 금성도 달처럼 어느 곳에 위치해 있느냐에 따라서 그 모양이 다릅니다. 그러나 달의 모양이 둥근 쟁반에서 눈썹으로 변해도 실제로는 달의 형태가 변하지 않는 것처럼 금성도 마찬가지입니다.

금성이 (가)의 위치에 있든 (나)의 위치에 있든 태양 쪽으로 향한 면은 밝게 빛납니다.

그렇지만 금성이 (가)의 위치에 있을 때와 (나)의 위치에 있을 때 금성의 어두운 쪽이 지구에서 봤을 때 어떻게 보이느냐에 따라 차이가 납니다.

그렇기 때문에 이 두 위치에 있을 때 금성의 모양이 달라 보이게 되는 것입니다. 따라서 정답은 ㄹ)입니다.

문 태양계에는 9개의 행성이 있는데 이것들을 특징에 따라 나눌 수 있습니다.

예를 들면 지구보다 안쪽에서 태양 주위를 공전하는 행성과 지구보다 바깥쪽에서 태양 둘레를 회전하는 행성으로 나누는 경우입니다.

행성	지름(km)	질량	밀도(g/cm³)
화성	6,860	지구 질량의 0.106배	3.95
목성	143,600	지구 질량의 314.5배	1.34
토성	120,600	지구 질량의 94.1배	0.69
수성	5,140	지구 질량의 0.0549배	5.61
천왕성	53,400	지구 질량의 14.4배	1.36

그러면 태양계의 행성의 물리적인 특성을 잘 보여 주는 앞의 표를 이용해서 5개의 행성을 분류한다면 어떻게 분류하는 것이 가장 좋을까요?

ㄱ) 화성·목성·토성·수성과 천왕성

ㄴ) 화성·수성과 목성·토성·천왕성

ㄷ) 화성·수성·천왕성과 목성·토성

ㄹ) 수성과 화성·목성·토성·천왕성

ㅁ) 토성과 화성·목성·수성·천왕성

답 5개 행성의 물리적인 특성 즉 지름, 질량, 그리고 밀도가 표시되어 있는 표를 잘 관찰해 보세요?

그러면 수성과 화성은 목성, 토성, 천왕성과 비교했을 때 지름과 질량은 상대적으로 작고 밀도는 상대적으로 크다는 사실을 알 수 있을 것입니다.

표에서처럼 행성을 분류하는 방법을 행성의 물리량에 따른 분류라고 하는데 여기에는 지구형 행성과 목성형 행성이 있습니다.

화성과 수성 외에 금성, 지구, 명왕성을 지구형 행성이라고 하며 목성, 토성, 천왕성 외에 해왕성을 목성형 행성이라고 합니다.

● **좀더 알아봅시다**

태양의 둘레를 회전하는 9개의 행성은 그것의 공전 궤도가 지구의 것보다 안쪽이냐 그렇지 않느냐에 따라서 분류할 수 있습니다. 이때 지구보다 안쪽에서 태양의 둘레를 공전하는 행성을 내행성, 지구보다 바깥쪽에서 태양의 둘레를 공전하는 행성을 외행성이라고 합니다.

그러므로 수성과 금성은 내행성이 되고, 화성, 목성, 토성, 천왕성, 해왕성, 명왕성은 외행성이 됩니다.

내행성의 경우 지구와 가장 가깝게 있는 경우를 내합, 지구와 가장 멀리 떨어져 있는 경우를 외합이라고 하고, 태양에서 동쪽으로 가장 먼 위치에 있을 때의 각을 동방 최대 이각, 태양에서 서쪽으로 가장 먼 위치에 있을 때의 각을 서방 최대 이각이라고 합니다.

최대 이각의 상태에 내행성이 위치해 있을 때 가장 관측하기가 쉽습니다. 그리고 내행성이 서쪽에서 동쪽으로 움직이는 것을 순행, 동쪽에서 서쪽으로 움직이는 것을 역행이라고 합니다.

외행성의 경우 지구와 가장 가깝게 있는 경우를 충, 지구와 가장 멀리 떨어져 있는 경우를 합이라고 합니다.

한편, 회합 주기라고 하는 것이 있는데 이것은 내행성과 외행성이 다르답니다. 내행성의 경우 회합 주기는 내행성이 내합의 위치에서 다시 내합의 위치까지 오는 데 걸리는 시간, 또는 외합의 위치에서 다시 외합의 위치까지 오는 데 걸리는 시간을 말합니다. 그리고 외행성의 회합 주기는 충의 위치에서 다시 충의 위치까지 오는 데 걸리는 시간, 또는 합의 위치에서 다시 합의 위치까지 오는데 걸리는 시간을 말합니다. 그래서 회합 주기를 S, 행성의 공전 주기를 P, 지구의 공전 주기를 E라고 하면 내행성과 외행성의 회합 주기는 다음과 같습니다.

내행성 : $\dfrac{1}{S} = \dfrac{1}{P} - \dfrac{1}{E}$

외행성 : $\dfrac{1}{S} = \dfrac{1}{E} - \dfrac{1}{P}$

실험가와 이론가의 만남
— 케플러의 세 가지 법칙 —

 이야기

코페르니쿠스에 의해서 시작된 과학 혁명이 완성되기까지 큰 공헌을 한 사람은 티코브라헤와 케플러입니다.

귀족의 아들로 태어난 티코브라헤는 엄청난 돈과 덴마크의 왕 프레데릭 2세의 적극적인 후원으로 천문 연구를 시작했습니다. 프레데릭 2세는 티코브라헤가 천문 연구를 할 수 있도록 코펜하겐 근처의 흐벤 섬을 그에게 주었습니다.

티코브라헤는 이 섬에 천문 관측을 위한 천문대를 세우고 이곳에서 20여 년 동안이나 천문 관측을 했습니다. 그가 여기에서 관측한 천체 현상들은 망원경을 사용하지 않은 채 얻은 것들이었는데도 불구하고 그 정밀도는 가히 놀랄 만한 것이었습니다.

사실 티코브라헤가 기록해 놓은 천문 관측 결과들은 눈으로 관측할 수 있는 극한 상황의 것들이었습니다. 이러한 이유로 티코브라헤를 뛰어난 관측의 천재로 불리웁니다.

티코브라헤는 천문 관측을 하면서 신성과 혜성을 발견했는데, 이것은 그 당시로서는 의미 있는 발견이었습니다.

천체 현상에 대한 티코브라헤의 중요 관심은 무엇보다도 천문 현상의 직접적인 관찰이었습니다. 그렇지만 그는 이론적인 우주 체계의 도움 없이 오로지 관측만으로는 더 이상의 큰 발전을 기대할 수 없다고 생각하게 되었습니다. 그래서 그는 우주 체계에 관심을 가지게 되었습니다.

티코브라헤는 코페르니쿠스의 우주 체계에 매력을 느끼고는 있었지만 이것이 성서의 내용과 잘 어울리지 못할 뿐만 아니라 물리적으로도 합당하지 않다고 생각했기 때문에 이것을 모두 받아들이지 않았습니다. 그렇다고 티코브라헤가 지구 중심설인 프톨레마이오스의 우주 체계를 받아들인 것은 아니었습니다. 그는 코페르니쿠스의 우주 체계와 프톨레마이오스의 우주 체계를 절충시킨 또 다른 우주 체계를 만들어 냈던 것입니다.

이 절충적인 티코브라헤의 우주 체계는 그 당시 지구 중심적인 우주 체계에 불만을 가지고 있으면서도 감히 코페르니쿠스의 태양 중심적인 우주 체계를 받아들이지 못하고 있던 많은 사람들로부터 큰 호응을 얻게 되었습니다. 그래서 티코브라헤는 지구 중심적인 우주 체계에서 태양 중심적인 우주 체계로 넘어가는 과정에서 교량 역할을 한 인물로 높게 평가받고 있는 것입니다.

그런데 티코브라헤의 천문학 연구를 적극적으로 후원해 주던 프레데릭 2세가 사망했습니다. 그렇게 되자 티코브라헤는 프라하로 가서 황제 루돌프 2세의 도움을 받으면서 연구를 다시 시작했습니다.

이때 실험 관측의 천재인 티코브라헤와 이론의 천재인 케플러와의 역사적인 만남이 이루어지게 됩니다.

1600년 독일 출신의 청년 케플러는 티코브라헤의 조수가 되어 함께 연구하기 시작했습니다. 케플러는 처음에 신학을 공부했지만 자신에게 천문학을 가르친 스승의 영향으로 코페르니쿠스의 태양 중심의 우주 체계에 푹 빠지게 되었습니다. 이렇게 하여 케플러는 그의 공부를 천문학으로 바꾸게 되었습니다.

케플러는 천체 현상의 연구에 수학과 같은 학문을 적용하는 이론적인 면에 상당한 매력을 느끼고 있었습니다. 그렇지만 그의 스승인 티코브라헤는 이보다는 관측을 좋아하는 학자였던 것입니다.

그런데 애석하게도 케플러가 티코브라헤의 조수가 된 바로 다음 해인 1601년에 티코브라헤가 죽게 되어 이 둘의 관계는 오래 지속되지 못하게 되었습니다.

그렇지만 다행스럽게도 케플러에게는 그의 스승인 티코브라헤가 남겨 놓은 방대하고 매우 정밀한 천문 관측 자료가 있었습니다. 티코브라헤는 케플러에게 연구자료를 남겨 주면서 자신의 연구가 헛되지 않도록 열심히 노력해 줄 것을 당부했습니다. 물론 이러한 당부는 헛되지 않았습니다.

케플러는 그의 스승이 남겨 준 자료더미들을 정리하다가 정말로 충격적인 사실들을 발견했기 때문입니다. 그 충격적인 발견들이란 이름하여 케플러의 세 가지 법칙이라고 하는 것입니다.

 사고하기

우리는 앞에서 티코브라헤가 발견한 신성과 혜성이 굉장한 의미를 가지고 있다고 했습니다. 그러면 왜 신성과 혜성의 발견이 그렇게 큰 의미를 지니는 것인지 알아보도록 할까요?

티코브라헤는 어느 날 카시오페이아 별자리 부근에서 굉장
히 밝게 빛나고 있는 별을 발견했습니다. 그는 이 별을 몇 달
동안이나 계속 관찰했습니다. 그 결과 그는 그 별빛이 흰색에
서 노란색으로 그리고 다시 붉은색으로 변한다는 사실을 발견
했습니다. 그래서 그는 그 별을 신성이라고 이름지었습니다.

그런데 중요한 것은 신성이라는 별의 탄생이 아닙니다. 중
요한 것은 이 별의 밝기가 변했다는 사실입니다.

아리스토텔레스는 천문 체계에 위계 사상을 도입하면서 달
보다 더 높은 세계에 있는 천체들은 전혀 변하지 않는다고 했
습니다.

그런데 신성이라는 이 알려지지 않은 별은 분명히 달보다
더 먼 곳에 위치해 있었는데도 불구하고 변한 것입니다. 이렇

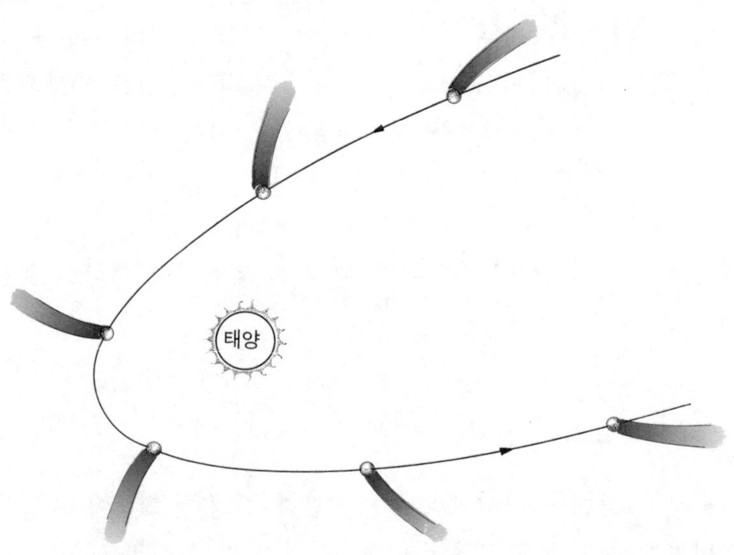

혜성의 운동 궤도

게 됨으로써 아리스토텔레스가 주장한 위계 사상이 여기에서 뒤집어지게 된 것입니다.

그리고 또한 티코브라헤는 혜성을 관측한 결과 혜성의 운동 궤도가 완전한 원이 아니고 타원이라는 사실을 발견했습니다.

그런데 아리스토텔레스의 위계 사상에 의하면 천상계의 운동은 고귀하고 신성한 원 운동을· 한다고 했습니다. 그러나 천상계의 운동인 혜성의 운동이 원이 아니고 타원이었던 것입니다. 이렇게 해서 아리스토텔레스의 위계 사상은 또 한번 뒤집어지게 된 것입니다.

사실 이 두 번의 발견에 의해서 아리스토텔레스의 위계 사상은 그 뿌리까지 완전히 흔들리는 지경에까지 다다르게 되었던 것입니다.

그러면 이제 케플러가 그의 스승이 물려 준 방대한 자료의 도움을 바탕으로 해서 얻어낸 세 가지의 천체 법칙이 어떠한 것이며 또한 그것들이 천문학의 발달에 어떠한 영향을 미쳤는지에 관해서 알아보도록 할까요?

케플러의 세 가지 법칙은 다음과 같습니다.

첫째 법칙 : 모든 행성은 태양을 하나의 초점으로 하는 타원 궤도를 그리면서 태양의 둘레를 회전한다.

둘째 법칙 : 태양과 태양의 둘레를 회전하는 행성을 연결한 선분이 동일한 시간 동안 그린 타원의 면적은 일정하다.

셋째 법칙 : 태양의 둘레를 회전하는 행성의 공전 주기의 제곱은 그 행성이 태양의 둘레를 회전하는 타원 궤도 중 긴 반지름의 세제곱에 비례한다.

케플러의 세 가지 법칙 가운데 첫째 법칙을 타원 궤도의 법칙, 둘째 법칙을 면적 속도 일정의 법칙, 그리고 셋째 법칙을 공전 궤도와 주기의 법칙이라고도 합니다.

케플러의 세 가지 법칙 중 가장 먼저 발견된 것은 첫째 법칙이 아니라 둘째 법칙입니다.

케플러는 스승이 남겨 준 자료들을 분석하고 해석하는 데 있어서 화성의 운동을 철저하게 연구하는 것에서부터 시작하였습니다. 또한 케플러는 이 작업을 시작하기에 앞서 자신의 연구 방향이 코페르니쿠스가 주장했던 이론, 즉 '지구는 정지해 있지 않고 운동한다'는 이론에 따르기로 결정했습니다.

케플러는 티코브라헤가 화성과 그 밖의 천체들로부터 얻어 낸 관측 값을 이용했습니다. 그는 이 관측 값으로 천체의 운동 궤도를 계산하고, 분석하는 길고 힘든 작업을 끈기있게 했습니다.

태양의 위치를 이동시켜 가면서 행성의 궤도를 그려 나가기를 수십 번 한 케플러는 마침내 스승의 관측 사실과 일치하는 행성의 궤도를 발견하게 되었습니다.

그런데 여기에 한 가지 오류가 나타났습니다. 이 결과를 티코브라헤가 관측한 다른 관측값에 적용했더니 일치하지 않는 것이었습니다.

물론 이 오차는 굉장히 작은 것이었습니다. 그렇지만 케플러는 생각했습니다.

'만약 관측의 천재인 스승이 살아 계신다면 이 정도의 오차도 허용하지 않았을 것이다. 내 것은 틀렸다. 이 작은 오차를 줄여 나가는 일을 시작으로 우주론은 다시 세워져야 한다.'

이렇게 해서 케플러는 자신이 그토록 공들여 얻은 결과를 일순간에 내던져 버렸습니다.

그는 행성이 궤도를 돌 때 항상 똑같은 속력으로 운동해야만 한다는 고전적인 통념을 버렸습니다. 즉 그는 행성이 태양의 둘레를 움직일 때 그 속력이 항상 똑같지 않을 것이라는 가정하에 새로운 연구를 시작했던 것입니다.

연구 결과 케플러는 케플러의 둘째 법칙을 발견하게 됩니다. 즉 그는 태양의 둘레를 회전하는 행성과 태양을 연결하는 직선이 같은 시간 동안 쓸고 지나가는 면적은 항상 똑같다는 사실을 발견하게 되었습니다.

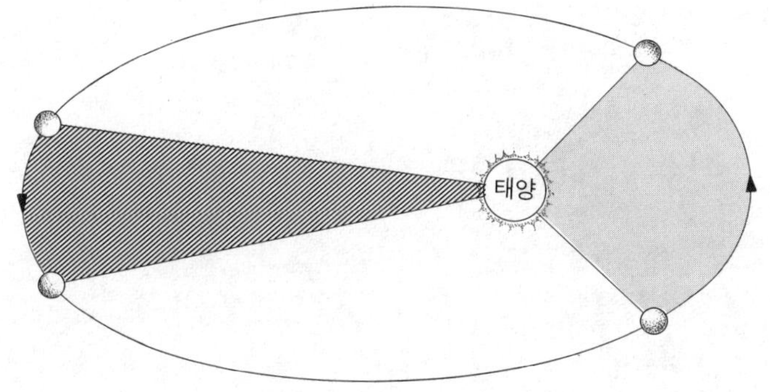

케플러의 제2법칙

이 법칙을 발견한 후 케플러는 행성의 궤도가 꼭 원이어야만 할 필요가 없다는 생각하에 연구를 계속했습니다. 여기에서 그는 행성의 궤도가 찌그러진 타원이라는 사실을 발견하게 되었습니다.

이렇게 해서 이른바 케플러의 제1법칙이 만들어지게 된 것입니다.

그런 다음 케플러는 행성의 타원 궤도의 크기와 행성이 그 궤도 위를 한 바퀴 도는 데 걸리는 시간과의 관계에 대해서 연구하기 시작했습니다.

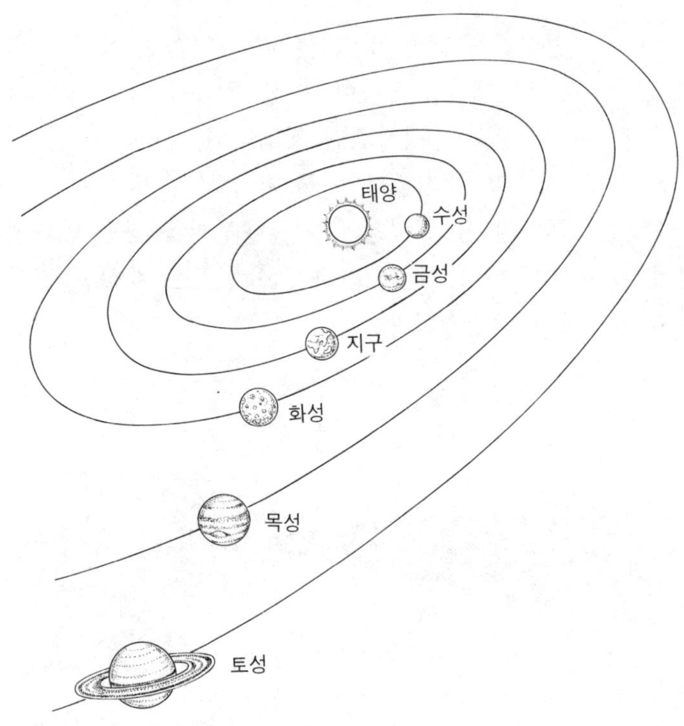

케플러의 제1법칙

여기에서도 그는 또 한번의 희열을 맛보았습니다.

이른바 케플러의 제3법칙이라고 하는 행성의 궤도 반지름과 그 공전 주기에 관한 법칙을 발견했기 때문입니다.

케플러는 자신이 발견한 세 가지 법칙을 기술하면서 다음과 같은 말을 덧붙였습니다.

"나는 스승 티코브라헤와 함께 연구하면서 발견해 내지 못했던 법칙들을 드디어 해명해 냈다. 뿐만 아니라 이 연구는 내가 예상했던 것보다 훨씬 더 만족스럽고 훌륭한 결과들을 나에게 안겨 주었다. 주사위는 이미 던져졌다. 내가 발견한

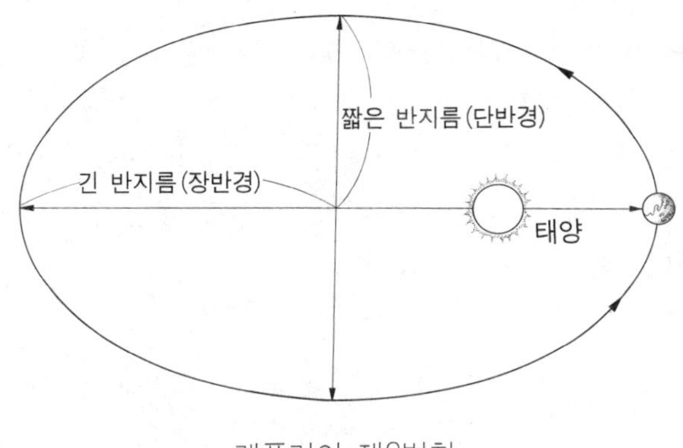

케플러의 제3법칙

법칙들이 책으로 발간되었다. 사람들이 이 책을 지금 당장 읽든지 아니면 먼 훗날 읽든지 나는 전혀 상관하지 않을 것이다. 어쩌면 오랜 시간이 지난 다음에야 비로소 나의 연구결과들을 인정해 주고 이 책을 평가해 줄 사람이 나타날지도 모르겠다. 그렇지만 우주의 진정한 법칙을 찾아 내려는 사람을 위해 수천 년 동안이나 신도 기다리지 않았던가? 나는 충분히 기다릴 수 있다. 그것도 만족해 하면서……."

케플러의 덕택으로 천체 물리학은 획기적으로 발전할 수 있는 기틀을 마련하게 되었습니다. 그리하여 케플러에게는 '하늘의 입법자'라는 명예스러운 애칭이 따라붙게 되었습니다.

케플러가 세 가지 법칙을 발견함에 따라서 언제 끊어지게 될지 모를 한 가닥 목숨을 겨우 지탱하고 있던 고대 그리스의 천문 위계 사상은 더 이상 정당성을 인정받을 수 없게 되었습니다. 이렇게 해서 우주는 위계 사상에 근거하는 그 어떠한 차별로부터 해방된 존재가 되었습니다.

시간이 흐르자 우주가 위계적이지 않고 이질적이지 않다는 생각은 다른 분야로 스며들기 시작했습니다. 그렇게 됨으로써 사람들의 세계관은 말할 것도 없고 중세의 사상도 뿌리채 흔들리게 되었습니다.

또한 인간은 이제 더 이상 모든 것을 신에게만 의지하는 존재가 아니게 되었을 뿐만 아니라 우주로 향한 인간의 시야 또한 더욱더 넓어지게 되었습니다.

 탐구하기

문 지구는 타원 궤도를 그리면서 태양의 둘레를 회전하고 있습니다. 그러면 지구가 타원 궤도의 어느 위치에 왔을 때 회전하는 속도가 가장 빠를까요?
ㄱ) 태양으로부터 가장 가까운 거리에 위치할 때이다.
ㄴ) 태양으로부터 가장 먼 거리에 위치할 때이다.
ㄷ) 태양으로부터 중간 정도 떨어진 거리에 위치할 때이다.
ㄹ) 태양으로부터의 거리에 관계없이 속도는 항상 일정하다.
ㅁ) 알 수 없다.

답 케플러의 제2법칙이 무엇입니까?
면적 속도 일정의 법칙이 아닙니까? 즉 태양을 초점으로 하여 태양의 둘레를 회전하는 지구가 똑같은 시간 동안 타원 궤도를 쓸고 지나가는 면적이 똑같다는 것입니다.

그렇다면 타원 궤도 위에서 지구의 속도가 변해야만 할 것입니다.

지구가 태양에서 가깝게 떨어져 있는 위치에서는 빠르게 움직이고 멀리 떨어져 있는 위치에서는 느리게 움직여야만 동일한 시간 동안 쓸고 지나가는 면적이 같을테니까요.

그러니 지구의 속도는 태양에서 가장 가까운 위치에 있을
때 가장 빠르리라는 사실을 알 수 있습니다.

문 케플러의 제3법칙은 행성의 공전 주기와 타원 궤도의 긴
반지름에 관한 법칙입니다. 그렇다면 행성의 공전 주기
를 T, 타원 궤도의 긴 반지름을 R이라고 할 경우 다음의 그
래프 중에서 케플러의 제3법칙을 가장 잘 나타낸 것은 어느
것일까요?

ㄱ) 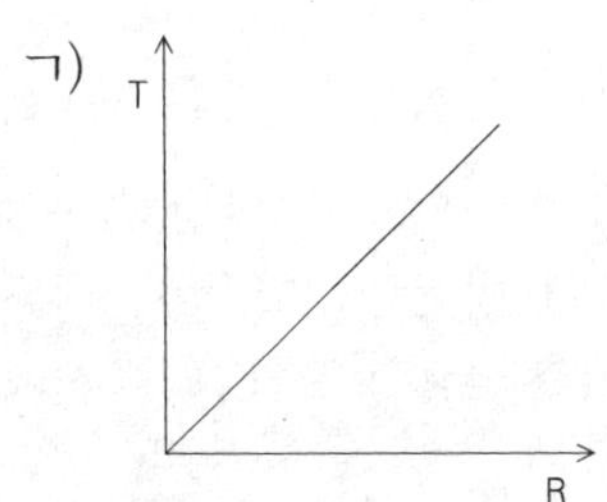

ㄴ) 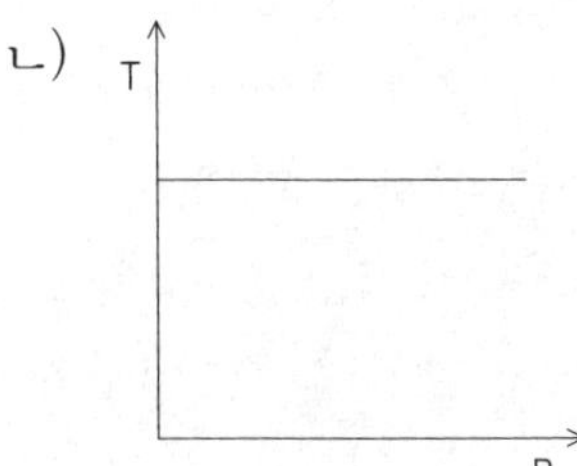

ㄷ) 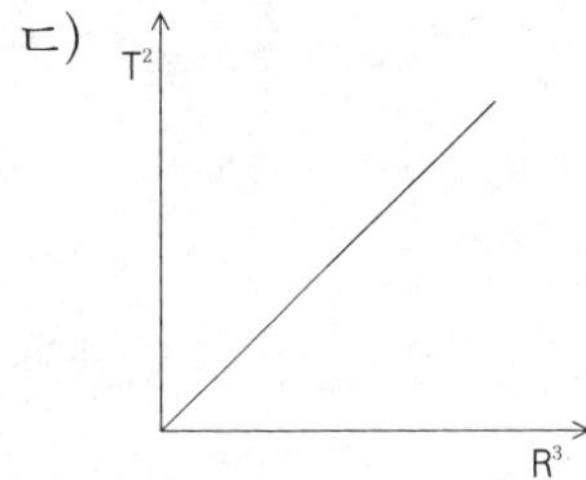

ㄹ) 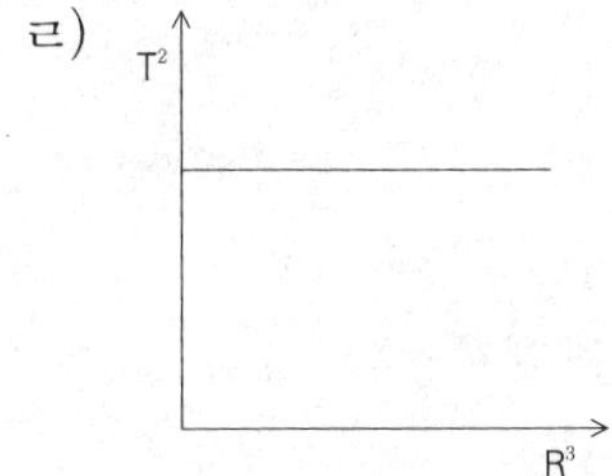

ㅁ) 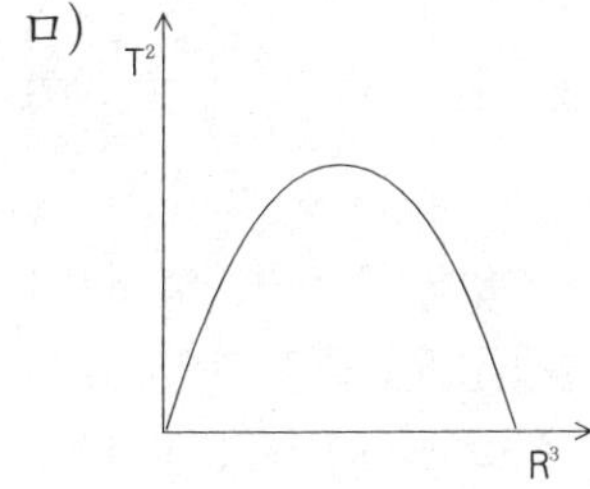

답 케플러의 제3법칙은 행성의 공전 주기의 제곱 즉 T^2이 타원 궤도의 긴 반지름의 세제곱 즉 R^3에 일차적으로 비례한다는 사실을 말해 주고 있습니다.

그러므로 이 5개의 그래프 중 T^2이 R^3에 일차적으로 비례하는 것은 ㄷ)뿐입니다.

● 좀더 알아봅시다

태양계 행성은 케플러와 뉴턴의 운동 법칙에 따라서 태양 둘레를 돌고 있습니다.

이것 말고 태양계의 행성에 적용할 수 있는 법칙이 또 하나 있는데 이것은 티티우스—보데의 법칙이라는 것입니다.

천왕성, 해왕성, 명왕성이 발견되기 이전인 1766년, 티티우스는 태양에서 각 행성까지의 거리를 하나의 간단한 식으로 나타낼 수 있다는 사실을 발견했습니다. 이를 1772년 보데가 세상에 발표했습니다. 그래서 이것을 티티우스—보데의 법칙이라고 합니다.

티티우스—보데의 법칙은 태양에서 각 행성까지의 거리를 나타내는 식으로서, d를 천문 단위(AU)로 나타낸 태양에서 각 행성까지의 거리, n을 일정한 수라 하면 공식은 다음과 같습니다.

$d = 0.4 + 0.3 \times 2^n$

각 행성에 대한 n과 그에 따라 계산된 d와 실측된 D의 값은 다음과 같습니다.

이것은 티티우스 보데의 법칙이 태양계의 6개 행성(이 당시까지 소행성, 천왕성, 해왕성, 명왕성은 발견되지 않았음)에 대해서는 잘 들어맞고 있음을 말해 주고 있습니다.

행성	수성	금성	지구	화성	소행성	목성	토성	천왕성	해왕성	명왕성
n	−무한대	0	1	2	3	4	5	6	7	8
d	0.4	0.7	1.0	1.6	2.8	5.2	10.0	19.6	38.8	77.2
D	0.39	0.72	1.0	1.52	2.65	5.20	9.54	19.1	30.0	39.5

그러나 무엇보다 중요한 것은 이것을 이용해서 소행성을 발견했다는 사실입니다.

각각의 n의 값에 대해서 태양으로부터 각 행성까지의 거리가 잘 들어맞고 있는데 n이 3인 경우에는 행성이 발견되지 않았던 것입니다. 그래서 n이 3인 위치에도 행성이 존재해야만 한다고 굳게 믿고 그 위치를 조사해 보았더니 작은 행성들 이른바 소행성들이 그곳에 존재하고 있었던 것입니다. 이렇게 해서 소행성은 발견되었습니다. 소행성의 '실측값 D=2.65'는 태양에서 각각의 소행성까지의 평균거리입니다.

뉴턴과 사과나무

— 만유인력 법칙 —

 이야기

1642년에 위대한 물리학자 갈릴레이가 세상을 떠났습니다.

그렇지만 같은 해에 또 한 사람의 천재 물리학자가 태어났습니다. 그가 바로 뉴턴입니다.

뉴턴의 어린 시절은 그다지 행복하지 못했습니다. 그의 아버지는 뉴턴이 태어나기 몇 달 전에 세상을 떠났습니다. 그래서 그는 외할머니와 홀어머니 밑에서 성장할 수밖에 없었습니다.

어린 시절 뉴턴은 허약한 편이었습니다. 그래서 뉴턴은 동네 아이들과 함께 놀기보다는 자연 현상을 관찰하거나 기계를 조작하는 일에 관심이 많았습니다.

그래서 동네 아이들은 뉴턴을 보면 놀리기 일쑤였습니다.

"이 바보 같은 놈, 힘도 없는 자식이 뭘 한다고 그래."

한번은 바람이 강하게 불던 어느 날이었습니다. 뉴턴은 바람이 부는 방향으로 뛰어 보고, 바람이 부는 반대 방향으로도 뛰어 보고 제자리에서 뛰어 보기도 했습니다.

이때 뉴턴의 이런 행동을 본 동네 아이들이 말했습니다.

"쟤는 아무래도 머리가 약간 돈 것 같애. 아니지, 완전히 돌았어."

물론 뉴턴이 이런 행동을 한 것은 머리가 돌았기 때문이 아니었습니다. 그는 바람의 세기에 따라서 땅바닥에 떨어지는 자신의 위치를 생각하고 있었던 것이었습니다.

뉴턴의 어린 시절은 이러했습니다.

그러다 뉴턴은 외삼촌의 도움으로 케임브리지 대학에 입학할 수 있게 되었습니다. 그런데 뉴턴이 케임브리지 대학에서 공부를 하고 있던 1664년, 영국에는 흑사병이 유행하면서 많은 사람들이 죽게 되자 학교도 쉬게 되었습니다.

뉴턴은 고향집으로 내려갔습니다. 그곳에서 뉴턴은 짬짬이 어머니와 함께 농사일을 하면서 그 밖의 많은 시간을 사색하는 데 열중했습니다.

그러던 어느 날 뉴턴이 사과나무를 바라보고 있는데 갑자기 사과 한 개가 땅으로 떨어졌습니다.

뉴턴은 이 광경을 넋 나간 사람처럼 무심히 바라보면서 중얼거렸습니다.

"갈릴레이가 피사의 사탑에서 한 실험이 생각나는군."

중얼거림이 끝나기가 무섭게 그의 머리속에는 다음과 같은 생각이 떠올랐습니다.

'사과는 왜 떨어지는 것일까? 왜 항상 아래쪽으로만 떨어지는 것일까? 옆쪽이나 위쪽으로 사과가 떨어져서는 안 되는 것일까? 만약 이것이 지구의 끌어당기는 힘 때문이라면 사과도 지구의 끌어당기는 힘과 똑같은 힘을 가져야만 하지 않을까?'

 사고하기

뉴턴은 코페르니쿠스와 케플러 그리고 갈릴레이를 거치면서

이룩된 학문 체계를 종합적으로 완성시켰습니다.

뉴턴의 자연 현상에 대한 이해의 폭은 대단히 깊고 넓었습니다. 그는 만유인력 법칙을 이용해 태양의 둘레를 도는 행성들의 운동 현상뿐만 아니라 바닷물의 밀물과 썰물에 관한 조석간만 현상도 설명해 냈습니다.

그러면 뉴턴이 어떻게 해서 만유인력의 법칙을 발견하게 되었는지 알아보도록 할까요?

코페르니쿠스에 의해서 과학 혁명이라는 불이 당겨진 이후 뉴턴의 시대에 이르러 과학 분야에는 하나의 커다란 흐름이 나타나기 시작했습니다.

이것은 하늘에서 운동하는 천체들의 운동과 지상에서 운동하는 물체들의 운동을 따로따로 떼어 놓고 생각하지 않는 것이었습니다. 다시 말하면 천상계의 운동과 지상계의 운동을 한꺼번에 고려할 수 있는 보편적인 진리가 존재할 것이라고 생각하게 되었습니다.

이런 첫 시도에 불을 당긴 사람이 바로 뉴턴이었습니다.

천체의 운동을 이해하려고 하는 뉴턴의 첫 시도는 달의 운동에 관한 것이었습니다. 그는 달의 운동에 관해 연구하면서 다음과 같은 생각을 하게 되었습니다.

'만약 달에 그 어떠한 힘도 작용하지 않는다면 달은 지구의 둘레를 도는 운동을 하지 않고, 직선 위를 움직이는 운동을 하게 될 것이다.'

그러나 누구나 알고 있듯이 달은 직선 운동을 하지 않습니다.

뉴턴은 여기에서 한걸음 더 나아가 다음과 같은 생각을 하게 되었습니다.

달에 힘이 작용하지 않는다면
안녕
달에 너무 많은 힘이 작용한다면…
충돌한다

'달은 분명히 거의 원에 가까운 공전 궤도를 그리면서 지구의 둘레를 회전하고 있다. 달이 이런 운동을 하기 위해서는 그 어떤 힘이 달에 작용해야만 한다. 바로 이 힘 때문에 달의 운동 궤도가 거의 원에 가까울 수 있는 것이다. 만약 이 힘이 너무 약하다면 달은 직선 운동에서 벗어나지 못하게 될 것이고, 너무 강하다면 달의 궤도가 지구 쪽으로 휘어지게 되어 달은 지구로 끌려오게 될 것이다. 그렇다면 달을 지구의 둘레로 회전할 수 있게 하는 힘은 무엇일까?'

뉴턴이 이 의문에 대한 답을 구하다가 그 유명한 사과나무에 관한 일화가 만들어지게 된 것입니다.

"지구가 사과를 끌어당긴다면 마찬가지로 달도 끌어당겨야 한다."

이처럼 뉴턴은 달도 떨어지는 물체로 간주할 수 있을 것이라고 생각한 것입니다.

뉴턴은 달이 지구 쪽으로 끌리는 가속도를 계산하려고 노력했습니다. 그리고 마침내 이것의 값을 계산해 내는 데 성공했습니다. 그런데 이 값은 지구가 사과를 잡아당기는 가속도(중력 가속도)에 비해 매우 작았습니다.

뉴턴은 놀라지 않을 수 없었습니다.

'아니, 왜 지표에서 떨어지는 물체의 가속도에 비해 달의 가속도는 이렇게 작아야만 할까? 지구가 물체를 잡아당기는 힘은 물체가 지구에서 멀리 떨어져 있으면 있을수록 작아지는 것은 아닐까? 만약 이 가정이 옳다면 지구와 지구 물체 사이의 떨어진 거리에 대한 힘의 관계를 표현할 수 있는 법칙이 있어야만 할 것이다.'

뉴턴의 이 가정이 정말 옳다면 밝혀지지 않은 힘의 법칙은 중력 가속도뿐만 아니라 달이 지구 쪽으로 끌리는 가속도 또한 설명해 낼 수 있어야만 할 것입니다.

뉴턴은 여러 해 동안 연구한 끝에 이 법칙을 발견해 내는 데 성공했습니다. 그는 이 법칙을 케플러의 제3법칙으로부터 유도해 냈습니다.

이 힘의 법칙을 발견하기 위해 뉴턴은 다른 모든 힘은 무시해 버리고 오로지 태양이 끌어당기는 힘만 생각했습니다. 뉴턴은 행성이 태양을 회전하는 궤도의 형태에 따라서 행성에 작용하는 힘이 어떻게 변하는가를 알아보려고 했던 것입니다.

여기에서 뉴턴은 이 힘이 행성의 질량과 태양의 질량의 곱에 비례하고, 태양과 행성 사이의 거리의 제곱에는 반비례한다는 사실을 알게 되었습니다. 더 나아가서 뉴턴은 이 법칙이 우주의 보편타당한 법칙이라는 사실을 알게 되었습니다. 즉 뉴턴은 이 힘의 법칙이 태양과 그 주위를 회전하는 행성 그리고 지구와 달 사이에서만 작용하는 힘의 법칙이 아니라, 우주 안에 존재하는 그 어떤 두 개의 물체들 사이에서 보편적으로 작용하는 힘의 법칙이라는 사실을 깨닫게 되었습니다.

이 보편타당한 법칙은 이렇게 표현할 수가 있습니다.

"임의의 두 물체 사이에 작용하는 끌어당기는 힘은 두 물체의 질량의 곱에 비례하고, 떨어진 거리의 제곱에 반비례한다. 그리고 이들 관계 사이의 비례 상수인 만유인력 상수는 물체가 어떤 종류의 것이든, 그 물체가 어떤 위치에 있든, 또는 그 물체가 어떻게 운동을 하든지 상관없이 항상 일정한 값을 가진다."

이것을 수식으로 표현하면 다음과 같습니다.

$$F = \frac{GMm}{R^2}$$

여기에서 F는 만유인력, G는 만유인력 상수, M과 m은 두 물체의 질량, R은 두 물체의 떨어진 거리입니다.

뉴턴은 만유인력의 법칙을 응용해 여러 가지 자연 법칙에 적용함으로써 빛나는 업적을 남겼습니다.

첫째, 뉴턴은 만유인력의 법칙을 이용해 이것으로부터 케플러가 발견한 세 가지의 법칙을 모두 증명해 내는 쾌거를 이룩해 냈습니다.

둘째, 뉴턴은 만유인력의 법칙을 바닷물의 조석 현상에 적용시켰습니다. 그 결과 바닷물의 조석 현상은 지구와 바다에 작용하는 달의 끌어당기는 힘 때문이라는 사실을 밝혀 냈습니다.

셋째, 뉴턴은 만유인력의 법칙을 태양계 행성들의 행성 궤도 사이의 미미한 불규칙성에 적용시켰습니다. 태양계 행성들의 공전 궤도는 타원이어야 하지만 실제로 이 궤도는 타원의 형태로부터 약간 이그러져 있습니다. 뉴턴은 이 원인이 태양계 내의 다른 행성들 사이의 끌어당기는 힘 때문이라는 사실을 밝혀 냈습니다.

만유인력의 셋째 적용 방법은 그후 해왕성의 위치를 예언하고 발견할 수 있게 하였습니다.

18세기 말경 천문학자 허셀에 의해서 천왕성이 발견되었습니다. 그러나 이 행성의 공전 궤도는 뉴턴의 만유인력 법칙으로 계산된 것과 약간의 차이를 보였습니다.

이렇게 되자 과학자들은 다음과 같이 생각했습니다.

'이것은 태양계 내에 또 다른 행성이 존재하기 때문이다.

116

즉 태양에서의 거리가 천왕성보다는 좀더 멀리 떨어져 있지만 천왕성에 끌어당기는 힘을 작용시켜 천왕성의 궤도 운동에 영향을 줄 수 있을 정도의 근접한 거리에 태양계의 여덟 번째 행성이 존재하고 있기 때문이다.'

과학자들은 만유인력 법칙이 예언한 위치를 자세히 조사해 보았습니다. 그랬더니 예상한 대로 또 다른 행성이 있었던 것입니다. 태양계의 여덟 번째 행성인 해왕성은 이렇게 해서 발견되었습니다.

넷째, 뉴턴은 만유인력 법칙이 두 물체 사이의 떨어진 거리의 제곱에 반비례한다는 사실을 검증하기 위해서 미분 적분학을 발견해 냈습니다.

뉴턴은 지구가 물체에 작용하는 만유인력의 크기는 지구 내의 모든 물질이 그 물체를 끌어당기는 힘을 합친 것과 같아야만 한다고 생각했습니다.

예를 들면 꽃밭을 100등분했다고 할지라도 100등분한 꽃밭의 면적은 나누기 전 꽃밭의 면적과 같아야 한다는 것입니다.

지구의 각 부분에 위치해 있는 모든 물체는 지구가 만유인력을 작용하는 물체와 서로 다른 간격을 두고 떨어져 있습니다. 이것이 골치 아픈 문제였습니다.

뉴턴은 이런 생각을 했습니다.

'만약 지구 각 부분에 떨어져 있는 모든 물체가 작용하는 힘을 합치면 어떻게 될까? 이 힘의 크기는 지구 각 부분에 위치해 있는 모든 물체가 지구 중심에 모여 있다고 가정했을 때 지구가 작용하는 힘의 크기와 같지 않을까?'

이 물음에 대해 명확한 답을 얻기 위해서 뉴턴은 무엇보다도 먼저 지구의 곳곳에 흩어져 있는 모든 물질이 작용하는 힘

을 계산해 내어야만 할 필요성을 느꼈습니다. 그리하여 미분
적분학을 발견해 내었던 것입니다.

탐구하기

문 만유인력 상수는 변하지 않는 값입니다. 그러나 만약 만
유인력 상수가 변해서 현재의 값보다 더 작아진다면 어
떠한 일이 일어날까요?

다음 중에서 가능할 수 있는 현상 한 가지를 골라 보세요?

ㄱ) 마찰이 없으면 공은 계속 움직일 수 없을 것이다.

ㄴ) 용수철 진자가 한 번 왕복 운동하는 데 걸리는 시간에
변화가 생긴다.

ㄷ) 단진자가 한 번 왕복 운동하는 데 걸리는 시간에 변화
가 생긴다.

ㄹ) 빗방울을 맞으면 굉장한 아픔을 느끼게 된다.

ㅁ) 지구의 중력이 너무 강해져 땅에서 발을 떼는 데 많은
힘이 든다.

답 만유인력 상수는 중력 가속도와 서로 비례 관계에 있습니
다.

이것은 만유인력의 법칙을 나타내는 식과 중력을 나타내는
식을 결합시켜 보면 쉽게 알 수 있습니다.

만유인력 상수와 중력 가속도가 비례 관계에 있으니 만유인
력 상수가 작아진다면 중력 가속도 또한 작아집니다.

그러니 중력 가속도와 관계가 있는 단진자의 왕복 운동 시
간, 즉 주기에 변화가 생기리라는 사실을 이해할 수 있을 것

입니다.

문 달의 중력 가속도는 지구의 약 6분의 1 정도에 불과합니다. 그렇다면 다음 중에서 지구에서 측정을 하든지 달에서 측정을 하든지 변함없이 일정한 값을 유지하는 것은 어느 것일까요?

ㄱ) 소금의 밀도
ㄴ) 높은 곳에서 떨어뜨린 야구공이 바닥에 떨어지기까지 소요된 시간
ㄷ) 뚱보의 몸무게
ㄹ) 괘종시계의 추가 한 번 왕복 운동하는 시간
ㅁ) 대포알이 포물선을 그리면서 날아갈 수 있는 최대 거리

답 달과 지구의 중력 가속도가 달라서 중력 가속도와 관계 있는 것들은 모두 변화가 있을 것입니다.

보기 중에서 중력 가속도와 관계없는 것은 ㄱ)뿐입니다. 물질의 밀도란 질량을 부피로 나눈 것으로 질량과 부피는 중력 가속도와는 전혀 관계없습니다.

ㄱ)을 제외한 나머지는 중력 가속도와 관계가 깊습니다. 즉 중력 가속도가 작아지면 어떻게 될까요?

끌어당기는 힘이 약해지지 않을까요?

그 결과 떨어뜨린 야구공이 바닥에 떨어지기까지 오랜 시간이 걸릴 것이고, 포물선을 그리면서 대포알은 멀리 날아가게 될 것입니다. 그리고 뚱보의 몸무게는 한층 가벼워질 것이며, 괘종시계의 추가 한 번 왕복 운동하는 데 걸리는 시간은 길어질 것입니다.

뉴턴은 높은 곳에서 적당한 속력으로 물체를 수평하게 던지면 물체가 지상으로 떨어지지 않고 지구의 둘레를 계속 돌 것이라고 예상했습니다.

뉴턴의 이런 생각은 20세기에 들어와서 실현되었는데 이것이 바로 인공위성입니다. 인공위성은 초속 약 7.9km로 발사됩니다. 이 속도를 제1우주 속도라고 합니다. 즉 제1우주 속도란 인공위성의 발사 속도를 뜻합니다.

그런데 인공위성은 지구를 탈출하지 못했습니다. 왜냐하면 지구의 중력으로부터 완전히 벗어나지 못했기 때문입니다.

따라서 지구를 탈출하기 위해서는 지구의 중력을 이겨 낼 수 있는 속도로 우주선을 발사해야만 할 것입니다.

이 속도를 지구 탈출 속도라고 합니다. 지구 탈출 속도는 초속 약 11.2km입니다. 이 속도를 제2우주 속도라고 합니다.

그렇지만 제2우주 속도로 발사된 우주선도 지구는 탈출했으나 태양계를 벗어나지는 못했습니다.

태양계를 탈출하기 위해서는 태양의 인력권에서 완전히 벗어날 수 있는 속도로 우주선을 발사시켜야만 하는데 이 속도를 제3우주 속도라고 합니다.

제3우주 속도는 초속 약 42km가 되는데 지구의 공전 속도를 이용하면 더 작게 만들 수 있습니다.

지구의 공전 속도는 초속 30km 정도이므로 지구의 공전 방향으로 우주선을 발사하면 초속 42km에서 초속 30km를 뺀 초속 12km의 속도로도 우주선은 태양의 인력권을 탈출할 수 있습니다.

하나의 점이 이렇게 커질 수가
— 우주 팽창 —

 이야기

우리는 우리 스스로를 만물의 영장이라고 하지만 자연과 비교한다면 아주 작은 존재에 지나지 않습니다. 이런 사실은 인간이 자연이라는 존재를 알기 위해 자연이라는 세계의 문에 좀더 깊이 들어가면 들어갈수록 더욱더 뚜렷하고 분명하게 나타납니다.

자연의 신비를 한 꺼풀 벗기면 거기에는 이전 것보다 더 복잡하고 심오한 또 다른 자연의 신비가 인간을 기다리고 있습니다. 이런 현상은 인간이 자연을 상대로 행하는 거의 모든 분야에서 나타나고 있습니다.

그렇지만 그중에서도 인간의 나약함을 가장 잘 보여 주는 곳은 우주입니다.

이른바 첨단과학의 시대라고 하는 오늘날에도 우주의 크기와 나이에 대한 상상은 인간의 상상력을 훨씬 뛰어넘습니다.

그러나 이런 사실이 우주를 느끼고 생각하는 인간의 자유를 절대로 억압할 수는 없습니다. 왜냐하면 인간은 생각할 줄 아는 동물이기 때문입니다.

바로 이런 이유 때문에 먼 옛날 우리 조상들에게 신선한 충격과 함께 수많은 흥미거리를 제공해 준 우주의 신비는 그 이

후 끊임없이 오늘날까지 계속 이어져 내려올 수 있었던 것입니다.

사실 우주의 신비스러움에 대한 수수께끼를 풀려고 하는 인간의 노력은 세월이 흐름에 따라 이전보다 더욱더 흥미 있고 깊이 있는 생각으로 발전되어 왔습니다.

그런 결과 인간은 20세기에 들어와 우주의 신비에 대한 하나의 결정적인 단서를 얻게 되었습니다.

인간이 이 결정적인 우주의 비밀을 알아내기 전에 벨기에의 천문학자인 르메트르는 다음과 같은 이론을 이미 발표했습니다.

"우주의 모든 물질은 최초에 하나의 질량 덩어리의 상태로 압축되어 있었다. 그리고 이 질량 덩어리가 폭발하여 은하를 만들 수 있는 물질이 우주 공간에 만들어졌다."

그 당시의 사람들은 이것을 이해하지 못했을 뿐만 아니라 믿으려 하지도 않았습니다. 그러나 1929년 우주가 팽창하고 있다는 충격적인 이론을 허블이 발표했을 때야 사람들은 비로소 르메트르의 말에 귀를 기울였습니다.

허블은 천체망원경을 사용해서 은하를 연구하고 있었습니다. 그러던 중 은하까지의 거리를 측정하는 방법과 우리 은하 이외에 또 다른 은하가 무수하게 존재한다는 사실을 알아냈습니다.

이 사실로부터 허블은 은하가 매우 많은 별을 포함하고 있으며 우주가 이전에 생각했던 것보다 훨씬 더 크다는 사실을 밝혀 냈습니다.

여기에 머무르지 않고 은하를 계속 연구하던 허블은 은하가 멀어져 가고 있다는 사실도 발견해 냈습니다. 이 발견은 정말로 놀라운 것이었습니다. 왜냐하면 이것은 우주가 정지하고 있지 않고 팽창하고 있다는 사실을 말해 주는 것이기 때문입니다.

이렇게 해서 허블은 우주 팽창의 결정적인 증거를 찾아내는 데 성공한 것입니다.

 사고하기

우주는 지금 이 순간에도 끊임없이 팽창하고 있습니다. 이것은 우주가 최초에는 매우 압축된 상태였을 것이라는 사실을 암시해 주는 것입니다.

그렇다면 우리는 우주의 탄생에 대해서 의문을 갖지 않을 수 없습니다.

우주의 탄생 이론 가운데 가장 확실하게 받아들여지고 있는 것은 이른바 빅뱅(Big Bang) 이론이라고 하는 대폭발 이론입니다.

오늘날 대부분의 과학자들은 우주가 거대한 불덩이 속의 대폭발에 의해서 생성되었으며 이때 지금의 우주를 구성하고 있는 물질이 우주 공간으로 방출되었다는 사실을 의심의 여지없이 받아들이고 있습니다.

우주가 대폭발에 의해서 만들어졌다고 한다면 우주가 폭발한 이후 지금까지 팽창해 온 길이가 우주의 크기가 될 것이고 팽창해 온 시간이 우주의 나이가 될 것입니다.

그럼 우주의 크기와 나이를 알아보도록 하죠.

허블은 멀어져 가는 은하가 거리에 비례하는 속도로 후퇴해 가고 있다는 사실을 밝혀 냈습니다. 이 관계를 허블의 법칙이

라고 하는데 식으로 나타내면 다음과 같
습니다.

$v = Hr$

여기서 v는 은하의 후퇴 속도, H는
허블 상수, 그리고 r은 은하까지의 거리
입니다.

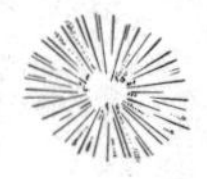

우주의 크기와 나이를 알아보려고 할
때 무엇보다도 중요하게 고려해야 하는
것은 빛의 빠르기입니다. 왜냐하면 우주
안에서 빛보다 더 빠른 것은 없기 때문
입니다.

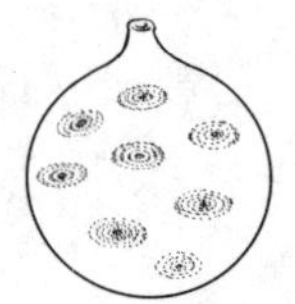

아무리 빠른 속도로 후퇴하는 은하라
고 할지라도 빛의 속도 이상으로 후퇴할
수는 없을 것입니다. 사실 우주의 가장
외곽에 위치해 있는 은하의 후퇴 속도는
빛의 속도에 거의 가깝다라는 사실이 밝
혀졌습니다. 따라서 우리는 우주의 외곽
에서 후퇴하는 은하의 속도를 빛의 속도
라고 가정하면 어렵지 않게 우주의 크기
와 나이를 계산할 수 있습니다.

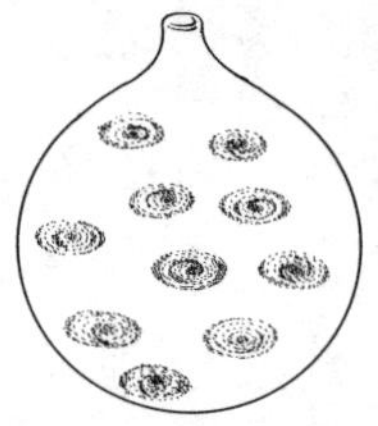
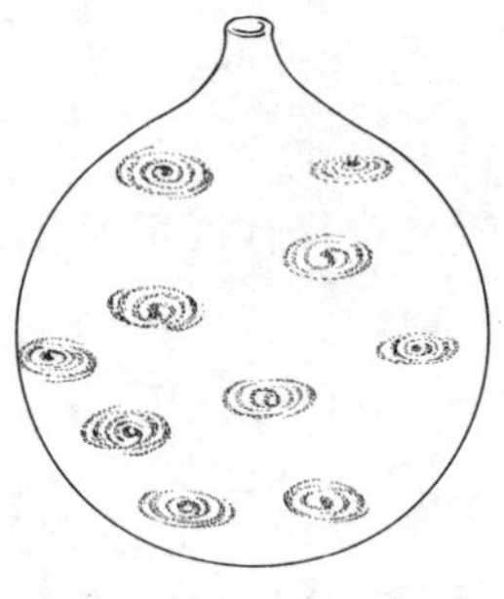

우주 팽창

즉 허블의 법칙에서 v대신 빛의 속도와 허블 상수 H를 고
려하면 우주의 크기 r을 계산할 수 있습니다.

이로부터 계산된 우주는 반지름이 약 200억 광년이나 되는
크기입니다.

그리고 우주의 나이는 허블 상수 H의 역수($\frac{1}{H}$)에서 구할
수 있습니다. 왜냐하면 시간이란 거리를 속도로 나누면 구할

수 있는데 허블의 법칙에서 은하의 거리 r을 은하의 속도 v로 나눈 것($\frac{r}{v}$)이 허블 상수의 역수($\frac{1}{H}$)와 같기 때문입니다. 이로부터 계산된 우주의 나이는 약 200억 년이 됩니다. 그야 말로 상상도 할 수 없는 나이입니다.

우주의 크기가 너무나 광활해 우주에서 빛의 속도가 중요한 역할을 하지만 우주에서 가장 빠른 것이 빛이라는 사실로 인해 역설적이면서도 재미있는 문제 하나가 발생합니다.

만약 지구에서 10억 광년 떨어진 별을 바라보고 있다면 우리가 그 별의 현재 모습을 보고 있다고 생각하나요?

그렇지 않습니다. 우리는 10억 년 전의 별을 보고 있는 것입니다. 왜냐하면 그 별에서 나온 빛이 지구까지 오는데 순식간이 아니라 10억 년이라는 시간을 필요로 하기 때문입니다.

이처럼 우주는 끝이 없는 것처럼 느껴지는 광활한 공간과, 과거와 현재 그리고 미래가 공존하는 세계입니다.

우주는 팽창한다고 했습니다. 이런 생각에서 우주의 형태가 어떤 모습을 취하고 있으며 또 앞으로 어떤 모습을 취하게 될지 생각해 볼 수 있습니다.

팽창하는 우주 모형에는 열린 우주 모형, 평탄한 우주 모형, 닫힌 우주 모형이 있습니다.

이 세 가지 우주 모형은 우주가 팽창하고 있다는 점에서는 공통점을 가지고 있으나 우주가 감속하는 율이 어느 정도냐의 문제에 대해서는 의견을 달리하고 있습니다. 감속의 크기는 닫힌 우주 모형이 가장 크고, 열린 우주 모형이 가장 작습니다.

그러므로 이 세 가지의 우주 모형이 우주가 창조되는 그 순간부터 팽창해 왔다는 공통된 특징은 가지고 있지만, 그 감속

의 크기가 같지 않기 때문에 팽창 속도가 같지 않으리라는 사
실을 이해할 수 있습니다. 또한 그러한 사실에서 우주가 앞으
로도 팽창을 계속할 것인지 의문을 제기할 수 있습니다.

만약 우주의 감속하는 율이 팽창하는 율보다 강하다면 우주
는 팽창을 멈추고 수축하게 될 것입니다.

그렇다면 무엇이 우주의 수축과 팽창을 결정할까요? 그것은
우주에 존재하는 물질의 총량입니다. 우주에 어느 한계량 이
상의 물질이 존재하고 있어서 더 이상 우주가 팽창하지 못하
도록 제어한다면 우주는 팽창을 멈출 것이고, 그렇지 않다면
우주는 팽창을 계속할 것입니다.

만약 우주가 수축하는 일이 일어난다면 우주는 탄생의 순간
으로 되돌아가게 될 것입니다. 이렇게 된다면 우주는 그 최초
의 순간에서 다시 태어나게 될 수도 있을 것입니다.

그러면 세 가지 우주 모형이 예측하는 미래의 우주를 간략
하게 설명하겠습니다.

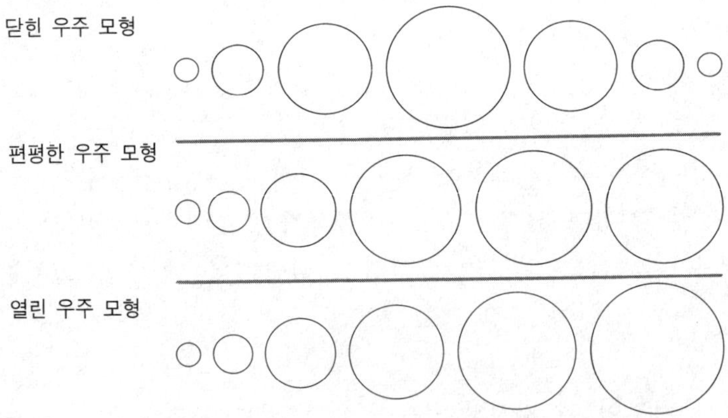

세 가지 우주 모형

닫힌 우주 모형의 경우는 우주가 팽창하는 힘보다 중력이 끌어당기는 힘이 더 크게 작용하기 때문에 어느 순간부터는 우주가 더 이상의 팽창을 할 수 없게 될 뿐만 아니라 수축하게 됩니다.

편평한 우주 모형의 경우는 우주의 팽창하는 힘과 중력이 끌어당기는 힘이 동등하게 작용하기 때문에 어느 순간부터는 우주가 더 이상의 팽창을 하지 못하고 정지하게 됩니다.

열린 우주 모형의 경우는 우주의 팽창하는 힘이 중력이 끌어당기는 힘보다 더 크기 때문에 우주가 끝없는 팽창을 계속하게 됩니다.

이로부터 중력에 의한 감속 작용이 우주의 모양에 결정적인 영향을 미친다는 사실을 알 수 있습니다.

그런데 중력은 물체의 질량에 비례합니다. 따라서 우주 안에 얼마 만큼의 물질이 존재하는지 알 수 있다면 중력에 의한 감속 작용을 정확하게 예측하여 우주의 미래가 닫힌 우주인지, 편평한 우주인지, 아니면 열린 우주인지 밝혀낼 수 있을 것입니다.

 **탐구하기**

문 허블은 우주가 팽창한다는 사실을 발견하고 이것을 허블의 법칙이라는 이름으로 발표했습니다.

그러면 다음의 그래프 중에서 허블의 법칙을 가장 잘 나타낸 것은 어느 것일까요? 단, v는 외부 은하의 후퇴 속도이고 r은 외부 은하까지의 거리입니다.

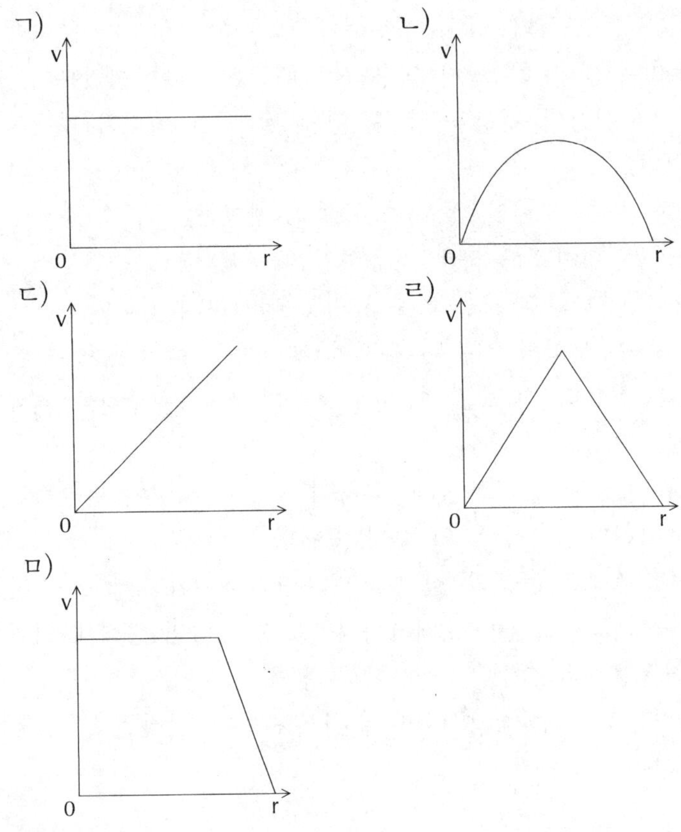

답 허블의 법칙은 외부 은하의 후퇴 속도 v가 외부 은하까지의 거리 r에 비례, 그것도 일차적으로 비례함을 알려주고 있습니다. 그러므로 허블의 법칙을 가장 잘 나타내고 있는 그래프가 ㄷ)이라는 사실을 알 수 있습니다.

문 천문학자가 천체망원경을 이용해서 은하의 후퇴 속도와 그 거리에 대한 실험 자료를 얻어냈습니다.

천문학자는 이것을 허블의 법칙에 따라서 그래프에 표시해 보았습니다. 그랬더니 다음과 같은 그래프가 만들어졌습니다.

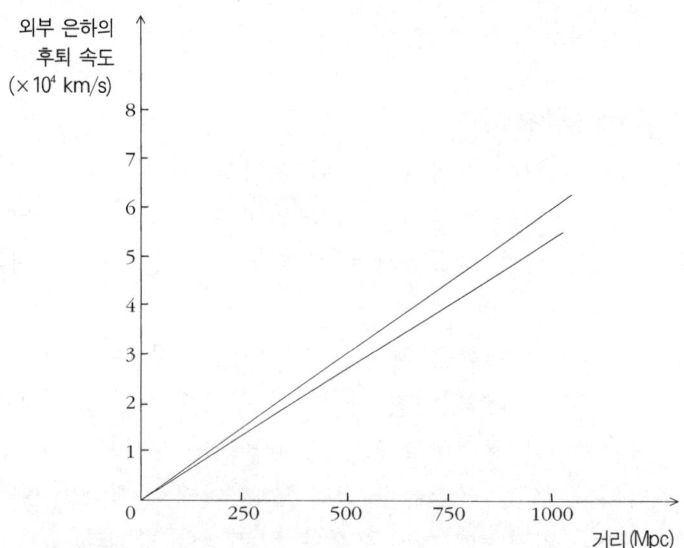

그러면 이 그래프에서 예상할 수 있는 허블 상수값은 대략 어느 정도일까요? 단, km／s／Mpc는 허블 상수값의 단위입니다.

ㄱ) 약 10km／s／Mpc～20km／s／Mpc의 범위이다.

ㄴ) 약 20km／s／Mpc～30km／s／Mpc의 범위이다.

ㄷ) 약 30km／s／Mpc～40km／s／Mpc의 범위이다.

ㄹ) 약 40km／s／Mpc～50km／s／Mpc의 범위이다.

ㅁ) 약 50km／s／Mpc～60km／s／Mpc의 범위이다.

답 허블의 법칙을 나타내는 식, 즉 $v=Hr$에서 허블 상수 (H)는 그래프의 기울기임을 알 수 있습니다. 따라서 두 개의 그래프 중 위의 그래프의 기울기는 약 60km／s／Mpc이고 아래 그래프는 약 50km/s/Mpc입니다.

그러므로 허블 상수값의 범위가 약50km/s/Mpc~
60km/s/Mpc임을 알 수 있습니다.

● 좀더 알아봅시다

태양계는 은하에 포함되는데 이 은하를 '우리 은하'라고 합
니다. 우리 은하는 정상 나선 은하인데 이것은 수소 가스에서
방출되는 21cm 전파를 정밀하게 관측하고 분석함으로써 알
게 되었습니다.

우리 은하의 반지름은 약 5만 광년인데 태양계는 은하의 중
심에서 약 3만 광년 떨어진 나선팔의 부근에 위치하고 있습니
다. 우리 은하를 구성하고 있는 천체들로는 성간 물질과 성단
이 있습니다. 성간 물질이란 별과 별 사이에 존재하는 방대한
양의 가스를 일컫는데 이것은 앞으로 탄생할 별들의 주원료로
서 작용하게 됩니다. 성단은 별의 집단을 말하는데, 이것은
별이 어떻게 모여 있느냐에 따라서 산개 성단과 구상 성단으
로 나눕니다.

산개 성단은 수백 개의 별들이 구형으로 모여 있는 종족 1
의 젊은 별들의 집합체로서 주로 은하면이나 나선팔에 분포하
고 있습니다.

구상 성단은 수만 개에서 수천만 개의 별들이 구형으로 모
여 있는 종족 2의 늙은 별들의 집합체로서 은하의 핵과 헤일
로(동그랗게 나타나는 띠)에 주로 분포하고 있습니다.

공기와 압력

유레카, 유레카

— 부력의 발견 —

 이야기

어느 날 시라쿠사에서 전투의 승리를 축하하는 성대한 잔치가 열렸습니다.

시라쿠사의 왕 히에론 2세는 전투에서 승리한 것이 신의 도움 때문이라고 생각하고 금으로 만든 왕관을 신에게 바치기로 결정했습니다.

왕은 훌륭한 세공 기술을 가지고 있는 금 세공장이에게 왕관을 만들도록 명령했습니다. 물론 왕은 세공장이에게 왕관을 충분히 만들 수 있을 만큼의 금을 주었습니다.

며칠 후에 세공장이는 완성된 왕관을 가져왔습니다. 왕에게 바쳐진 왕관은 겉으로 보기에는 조금도 나무랄 데 없이 아름답고 훌륭했습니다.

그런데 얼마 지나지 않아 이상한 소문이 떠돌기 시작했습니다.

"아니, 글쎄 세공장이가 왕관을 만들면서 왕으로부터 받은 황금을 전부 다 사용하지 않고 그중 일부를 감춘 후 부족한 황금만큼의 은을 사용했다는구만."

물론 이 소문은 히에론 2세의 귀에까지 들어가게 되었습니다. 노발대발한 왕은 또 다른 세공장이에게 명령했습니다.

"지난번 세공장이가 만들어 온 왕관의 색이 순금의 색과 똑같은지 비교해 보아라."

왕관을 살펴본 후 세공장이는 말했습니다.

"왕관의 색은 틀림없는 순금의 색이옵니다."

사실 왕관에 약간의 은이 들어갔다고 해서 왕관의 색이 크게 달라지지는 않았겠지요.

그러나 소문은 조금도 진정될 기미를 보이지 않았습니다.

"아니, 글쎄 왕이 한낱 세공장이한테 속았다잖아요."

이 소문을 듣자 왕의 심기는 불편했습니다. 그렇지만 소문의 명확한 진위를 파악할 수가 없었기 때문에 왕도 어떻게 할 수 없었습니다.

왕은 고민 끝에 아르키메데스를 불러들였습니다.

"아르키메데스, 자네가 왕관에 관한 명확한 진위를 밝혀 주게나."

왕에게서 명령을 받은 아르키메데스도 몇 날 며칠을 이 문제에 관해서 여러 가지로 고뇌하고 생각해 보았습니다. 그러나 아르키메데스도 별 뾰족한 생각이 떠오르지 않았습니다.

그러던 어느 날 아르키메데스는 휴식도 취할 겸 목욕을 하기 위해 공중 목욕탕에 갔습니다. 탕 안에 물이 가득 차 있었습니다. 아르키메데스가 탕 속으로 들어가는 순간 탕 속의 물이 밖으로 넘쳐흘렀습니다. 그는 이 광경을 무심코 쳐다보다가 손뼉을 치면서 나지막이 외쳤습니다.

"그래, 바로 이거야."

아르키메데스는 순식간에 떠오른 생각이 있었습니다.

'탕 밖으로 흘러나온 물의 양은 물 속으로 들어간 내 몸뚱아리의 부피와 같지 않을까? 만약 물이 가득 찬 그릇 속에 왕

관을 집어넣는다면 왕관의 부피만큼의 물이 넘쳐흐를 것이다.'

그는 너무나 흥분한 나머지 옷도 입지 않은 채 목욕탕을 뛰쳐나와 길 한복판을 달려갔습니다.

이때 아르키메데스가 외친 유명한 말이 있습니다.

"유레카! 유레카!"

유레카(Eureka)라는 말은 그리스어로 '발견했다'는 뜻입니다.

집에 도착한 아르키메데스는 공중 목욕탕 안에서 떠오른 그 기발한 생각으로 왕관의 문제를 풀기 시작했습니다.

먼저 그는 왕관의 무게를 쟀습니다. 그런 다음 왕관과 똑같은 무게의 순금 덩어리와 순은 덩어리를 준비했습니다. 그리고 이것들을 물이 담긴 그릇 속에 각각 집어넣었습니다.

그랬더니 예상했던 대로의 결과가 나타났습니다. 즉 순금

덩어리와 순은 덩어리를 각각 집어넣었을 때 넘쳐흐른 물의
양이 같지 않았습니다. 그제서야 아르키메데스의 얼굴에 환한
웃음이 가득했습니다.

아르키메데스는 왕에게 문제의 왕관이 가짜인지 진짜인지
판별해 보일 수 있다고 말했습니다.

그러자 왕은 놀란 표정으로 말했습니다.

"아니, 도대체 그 방법이 어떤 방법이냐?"

아르키메데스는 그 원리를 왕에게 말해 주면서 다음과 같은
말로 설명을 끝냈습니다.

"전하, 만약 이 왕관이 진짜 순금으로만 만들어졌다면 이
왕관을 물에 집어넣었을 때 밖으로 넘쳐흐른 물의 양과, 왕관
과 똑같은 무게를 지닌 순금 덩어리를 물에 집어넣었을 때
밖으로 넘쳐흐른 물의 양이 똑같아야만 합니다. 만약 그렇지
않다면 이 왕관은 순금으로 만들어진 것이 아니옵니다."

 사고하기

아르키메데스는 단순히 순금인지 아닌지의 문제를 가리는
데 머무르지 않고 한걸음 더 나아가 왕관에 들어간 은의 양까
지도 알아냈습니다.

아르키메데스와 같은 시대에 살던 사람 아니 그가 살던 시
대보다 더 이른 시대에 살던 수많은 사람들도 물이 가득 찬
탕 속에 들어가면 물이 밖으로 넘쳐흐른다는 사실을 경험을
통해 이미 알고 있었을 것입니다.

그렇지만 이로부터 법칙을 이끌어 낸 사람은 아르키메데스
뿐이었습니다. 대수롭지 않게 무심코 보아 넘기기 쉬운 것에

서도 하나의 위대한 물리 법칙이나 이론을 이끌어 낼 수 있다
는 사실을 우리는 주목해야 합니다

그러면 아르키메데스가 발견한 법칙의 의미와 어떻게 해서
왕관 속에 들어 있는 은의 양까지도 계산해 낼 수 있었는지
생각해 보도록 합시다.

먼저 우리는 유체란 무엇인지 알아야 합니다.

일반적으로 고체, 액체, 기체로 물질을 구분하기도 하고,
고체와 유체(액체, 기체)로 구분하기도 합니다.

유체가 고체와 다른 점은 무엇일까요?

고체는 쉽게 변형되거나 흐를 수 없지만 유체는 쉽게 변형
되거나 흐를 수 있습니다.

유체에 관해서 중요하게 생각해야 할 점은 힘이 어떤 방향
으로 작용하느냐 하는 것입니다. 왜냐하면 물체의 표면에 작
용하는 힘은 고체와 유체가 다르기 때문입니다. 힘이 고체에
작용할 경우에는 힘의 방향과는 아무런 관계가 없습니다. 고
체는 표면에 비스듬하게 힘이 작용해도 힘을 받을 수 있기 때
문입니다.

그렇지만 힘이 유체에 작용하면 힘이 비스듬하게 가해져 유
체의 표면이 힘의 방향으로 흘러 일그러집니다. 그래서 정지
하고 있는 유체의 표면에 작용하는 힘은 반드시 유체의 표면
에 수직하게 작용해야 합니다.

이때 유체에 작용하는 힘을 압력이라 할 수 있습니다.

압력은 표면에 수직하게 작용하는 힘의 크기인데 관계식은
다음과 같습니다.

$$P = \frac{F}{S}$$

여기에서 P는 압력, F는 표면에 수직하게 작용하는 힘, S

는 힘을 받는 면적의 크기입니다.

정지된 유체에 압력을 주면 유체의 상태에 변화가 나타납니다. 이 현상을 이론화시킨 것이 파스칼의 원리와 아르키메데스의 원리입니다.

먼저 파스칼의 원리부터 알아보도록 하겠습니다.

그림과 같이 실린더 속에 가득 들어 있는 액체에 피스톤을 이용하여 아래 방향으로 힘을 주면 압력은 어떻게 전달될까요?

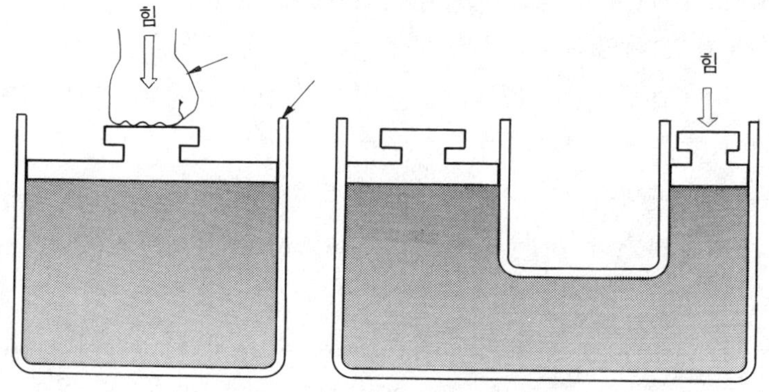

파스칼의 원리를 이용한 수압기

피스톤에 의한 압력은 실린더 속에 들어 있는 액체에 그대로 전달됩니다. 이것은 유체에도 똑같이 적용됩니다.

따라서 파스칼의 원리를 정리하면 다음과 같습니다.

"유체를 담고 있는 밀폐된 용기의 한 면에 압력을 가하면 압력은 변화하지 않은 채 그대로 전달된다."

그러면 이번에는 아르키메데스의 원리에 대해서 알아볼까요?

유체가 가득 들어 있는 그릇 속에 물체를 집어넣으면 유체는 물체에 압력을 줍니다. 물론 압력은 물체의 모든 부분에

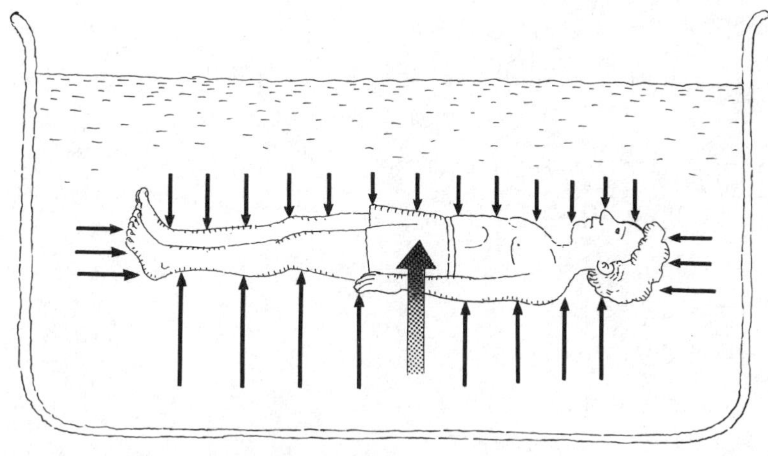

유체 속의 물체가 받는 힘의 방향

전달됩니다.

그런데 여기서 중요한 사실은 물체에 전해지는 압력은 깊은 곳일수록 세다는 것입니다. 바다 속 깊은 곳으로 들어갈수록 압력이 세지는 것과 같은 이치입니다.

그러니 유체 속에 들어 있는 물체는 위쪽으로 작용하는 힘을 받을 것입니다.

이런 이유로 물 속에 들어간 사람이 가라앉지 않고 위로 뜨는 것입니다.

유체 속에 잠긴 물체를 위로 향하게 하는 힘, 이 힘이 바로 부력입니다. 부력에 대한 이론이 아르키메데스의 원리입니다.

아르키메데스의 원리를 요약하면 다음과 같습니다.

"유체 속의 물체는 위로 향하는 힘, 즉 부력을 받게 되며, 그 크기는 물체에 의해서 밖으로 넘쳐흐른 유체의 무게와 같다."

（탐구하기 아이콘） 탐구하기

문 압력이란 단위 면적에 작용하는 수직력의 크기, 즉 이것은 $P = \dfrac{F}{S}$ 로 정의됩니다. 그러면 다음 중에서 압력을 나타낼 수 있는 단위가 아닌 것은 어느 것일까요?

ㄱ) 밀리미터 수은주(mm Hg)

ㄴ) 기압(atm)

ㄷ) 파스칼(Pa)

ㄹ) 칼로리(cal)

ㅁ) 토르(torr)

답 칼로리(cal)를 제외하곤 모두 압력을 나타낼 수 있는 단위입니다. 칼로리는 열량, 즉 에너지를 나타내는 단위입니다.

압력의 단위 중 파스칼(Pa)과 토르(torr)는 대기압의 연구에 커다란 업적을 남긴 파스칼과 토리첼리의 업적을 기리기 위해 만들어진 단위입니다. 또한 압력의 단위로 바아(bar)도 많이 쓰이고 있습니다.

문 남극에는 집채만한 크기의 큰 빙산들이 곳곳에 있습니다. 과연 바다 속에는 빙산의 약 몇 %가 있을까요?

ㄱ) 전체 빙산의 약 10%이다.

ㄴ) 전체 빙산의 약 20%이다.

ㄷ) 전체 빙산의 약 30%이다.

ㄹ) 전체 빙산의 약 50%이다.

ㅁ) 전체 빙산의 약 90%이다.

답 우리는 가끔 텔레비전에서 보여 주는 남극의 빙산을 보고 그 크기에 놀라는데 더 놀라운 것은 겉으로 드러난 빙산의 크기가 아닙니다. 바다 속에는 그야말로 빙산의 일각이라고 할 수 있을 정도의 큰 빙산이 숨겨져 있습니다. 크기는 떠 있는 빙산의 약 9배 정도에 이릅니다.

● 좀더 알아봅시다

지구에 존재하는 물은 약 98%가 해수이고, 약 2%만이 육수입니다.

해수는 깊이에 따라서 여러 가지 다른 성질을 나타내기 때문에 크게 3개의 층으로 구분합니다. 이 구분은 해수의 온도에 따른 구분으로서 깊이가 깊어짐에 따라서 혼합층, 수온 약층, 심해층으로 나눕니다.

심해층은 태양 복사 에너지에 의해서 가열되고 바람에 의해서 혼합되기 때문에, 깊이에 상관없이 물의 온도는 거의 일정합니다.

수온 약층은 깊이에 따라서 물의 온도가 급격히 낮아지는 대단히 안정된 층으로서 혼합층과 심해층의 사이에 존재하면서 이 둘 사이의 물질과 에너지 교환을 차단하는 역할을 합니다.

심해층은 물의 온도가 굉장히 낮은 층으로서 밀도가 큰 바닷물로 이루어져 있습니다.

1㎜의 약13.6분의 1

— 토리첼리와 진공 —

 이야기

1640년 토스카나에 살고 있는 한 대공은 사람들을 시켜서 궁전 뜰에 우물을 파게 했습니다. 약 12m 정도를 파 들어가 자 지하수가 보이기 시작했습니다. 사람들은 여기에 파이프를 박은 다음 펌프에 연결시켰습니다.

그런데 물이 한방울도 나오지 않는 것이었습니다. 사람들은 펌프를 조사해 보았지만 아무런 이상이 없었습니다.

대공은 이 문제를 갈릴레이에게 부탁했습니다. 갈릴레이는 곰곰이 생각한 끝에 다음과 같은 사실을 알아냈습니다.

'지하수가 10m의 높이까지는 올라올 수 있지만 그 이상은 올라올 수 없다.'

그러나 갈릴레이는 이 사실의 근본적인 원인을 밝혀 내지는 못했습니다. 결국 이 문제의 해결을 위해 갈릴레이의 제자인 토리첼리와 비비아니가 함께 실험을 했습니다. 이 두 사람은 물이 아닌 수은을 가지고 실험을 했습니다. 왜냐하면 같은 부 피의 수은과 물을 비교했을 때 수은이 물보다 약 13.6배 정도 더 무겁기 때문입니다. 이런 이유로 수은이 올라갈 수 있는 최대 높이 또한 물이 올라갈 수 있는 최대 높이의 13.6분의 1 정도 만큼 낮아지게 됩니다. 따라서 물을 끌어올리기 위해서는 약 10m나 되는 긴 관을 사용해야 하지만, 수은을 사용할 경우에는 약 1m 관이어도 가능합니다.

토리첼리와 비비아니는 한쪽 끝이 막혀 있는 약 1m 길이의 유리관에 수은을 가득 채웠습니다. 그리고 나서 뚫려 있는 유리관의 한쪽 끝을 손가락으로 막고 수은이 가득 담긴 그릇에 거꾸로 세운 다음 손가락을 떼었습니다. 그랬더니 유리관 속에 있던 수은이 통 속으로 빠지기 시작했습니다.

그런데 이상한 일은 유리관 속에 있던 수은이 일정한 높이까지만 내려온 다음 멈추는 것이었습니다.

이 높이가 얼마나 되었을까요?

이 높이는 10m의 약 13.6분의 1인 76cm 정도였습니다.

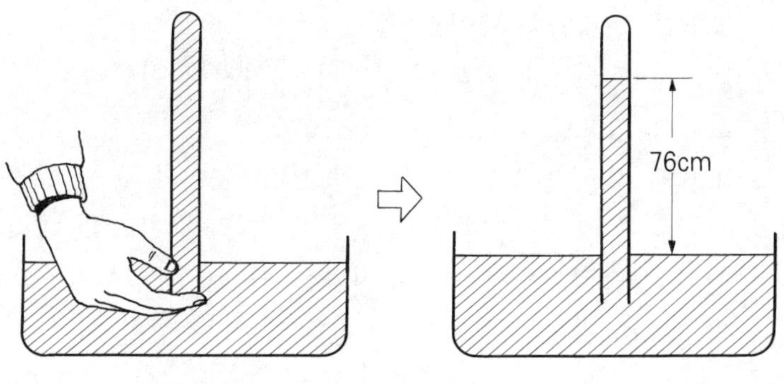

토리첼리의 실험

사고하기

앞의 이야기를 이해하기 위해서는 먼저 기압에 대해서 알아야만 합니다.

기압도 일종의 압력입니다. 기압이 압력이라면 이때 힘을 발생시키는 원인이 무엇일까요?

이것은 지구를 둘러싸고 있는 대기(공기)입니다.

그러므로 기압을 다음과 같이 표현할 수 있습니다.

"지구를 둘러싸고 있는 대기가 그것과 접촉하고 있는 면에 대해서 작용하는 단위 면적당의 힘의 세기이다."

상공에 쌓인 대기의 양이 많으면 많을수록 대기가 지표면을 누르는 힘, 즉 기압은 더 강해집니다. 이것은 지구상의 여러 지역마다 대기의 압력이 같지 않다는 사실에서도 잘 알 수 있습니다. 물론 이런 현상이 일어나게 되는 원인은 상공의 대기들이 대기 운동에 의해서 시시각각으로 이동하기 때문입니다.

예를 들면 대기 운동에 의해서 밀도가 큰 공기가 모여 있는 지역에 밀도가 작은 공기가 이동해 간다면 대기의 압력은 이동한 공기의 무게만큼 낮아집니다.

이처럼 대기 운동에 의해서 공기가 이리저리 이동하지만 이것을 하나의 값으로 나타낼 수 있습니다.

즉 대기의 평균 압력의 세기는 약 10m 높이의 물이 지면을 내리누르는 힘, 또는 약 76cm 높이의 수은이 지면을 내리누르는 힘과 같습니다. 따라서 우리들은 약 10m 깊이의 물 속이나 약 76cm 깊이의 수은 속에서 살고 있는 셈이 되는 것입니다.

일반적으로 1기압의 세기는 76cm 높이의 수은이 내리누르는 힘의 세기로 정의합니다. 그리고 이것을 밀리바(mb) 단위로 나타내면 약 1013mb가 됩니다.

1기압＝76cm 높이의 수은이 내리누르는 힘의 세기＝1013mb

다시 토리첼리의 실험으로 되돌아가서 만약 수은이 가득 담긴 유리관을 약간 기울인다면 수은의 높이는 변할까요? 아니

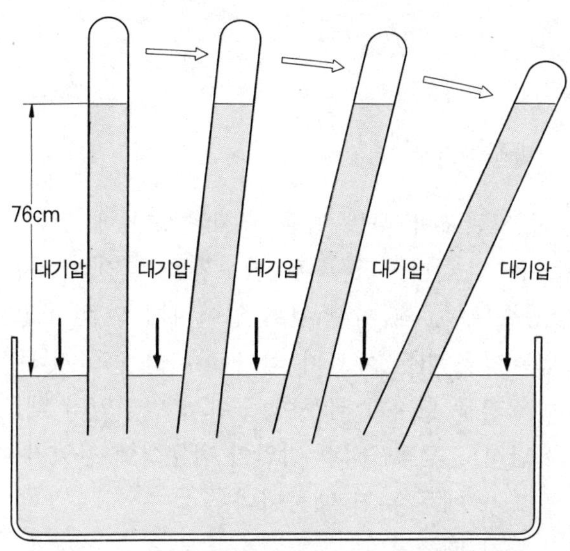

토리첼리의 실험

면 그대로일까요?

수은의 높이는 변하지 않습니다. 설사 그 유리관을 많이 기울인다고 해도 그 높이는 변하지 않습니다. 이것은 수은관이 들어 있는 통 속의 수은을 내리누르는 대기의 세기가 1기압, 즉 76cm 높이의 수은이 내리누르는 힘과 같기 때문입니다. 즉 유리관 속에 들어 있는 수은이 76cm 높이가 될 때까지 흘러 내려오는 이유는 유리관 속의 내리누르는 힘이 더 강하기 때문입니다.

그렇기 때문에 유리관 속의 수은은 두 개의 힘의 세기, 즉 유리관 속의 수은이 내리누르는 힘의 세기와 대기가 내리누르는 힘의 세기가 같아지는 높이까지 내려올 수 있는 것입니다.

우리는 이것으로부터 다음과 같은 생각할 수 있습니다.

'만약 유리관에 채워진 수은의 원래 높이가 76cm가 되지

않았다면 어떻게 되었을까?'

문 김이 모락모락 나는 밥을 퍼서 밥그릇에 담아 뚜껑을 덮어 두었습니다. 잠시 후 밥뚜껑을 열려고 하는데 잘 열리지 않았습니다. 왜 이런 일이 일어나게 되는 것일까요?

ㄱ) 밥뚜껑을 만든 재료가 쇠가 아니라 흙이기 때문이다.

ㄴ) 밥뚜껑을 도자기 굽듯이 구워서 만들었기 때문이다.

ㄷ) 유난히도 끈적끈적한 밥알이 밥뚜껑에 묻었기 때문이다.

ㄹ) 습도가 매우 낮기 때문이다.

ㅁ) 기압차 때문이다.

답 밥에서 김이 모락모락 나는 것은 수증기 때문입니다. 이것은 밥그릇에서 공기가 그릇 밖으로 새어 나간다는 것을 뜻합니다.

공기가 외부로 나갔으니 밥그릇 속의 기압은 밥그릇 밖의 기압보다 낮아져서 외부에 있는 공기가 이 기압차만큼 밥뚜껑을 내리누를 것입니다. 그래서 밥뚜껑이 잘 열리지 않는 것입니다.

문 커다란 기구에 수소를 넣으면 풍선은 부풀어오르면서 서서히 하늘로 올라가게 됩니다. 이때 기구가 하늘로 올라갈 수 있는 것은 무엇 때문일까요?

ㄱ) 기구는 항상 하늘로 올라가도록 만들어져 있다.

ㄴ) 공기가 기구를 밀어올리는 부력의 힘이 중력의 힘보다

크기 때문이다.

ㄷ) 공기가 기구를 밀어올리는 부력의 힘이 중력의 힘보다
작기 때문이다.

ㄹ) 공기가 기구를 밀어올리는 부력의 힘과 중력의 힘이 같
기 때문이다.

ㅁ) 기구의 재료가 고무이기 때문이다.

답 물체가 위로 올라가는 것은 물체의 상승하려는 힘이 물체의 하강하려는 힘보다 더 강하기 때문입니다. 이때의 힘은 공기의 부력과 중력으로 기구를 밀어올리는 부력의 힘이 중력의 힘보다 크기 때문에 기구가 하늘로 올라갈 수 있는 것입니다.

그러나 기구에 많은 사람이 타게 되면 기구에 작용하는 중력이 커져 올라가는 속도도 느려지게 될 것입니다. 그러다가 정원 이상의 사람이 타게 되면 기구는 위로 조금도 올라가지 못하게 될 것입니다.

● 좀더 알아봅시다

우주 공간은 엄청난 진공상태의 공간입니다. 우주 공간의 진공도는 일정하지 않습니다. 지구와 달 사이의 중간쯤 되는 공간, 지구와 태양 사이의 중간쯤 되는 공간, 우리 은하의 여러 공간에서의 진공도는 다릅니다. 우리 은하 끝쪽 공간 부근의 진공도는 약 10억분의 1 정도의 기압이 됩니다. 또한 우주 공간을 무중력 공간이라고도 하는데 이런 공간에서는 신기한 현상들이 많이 발생합니다.

예를 들면 발과 바닥 표면과의 마찰이 없기 때문에 미끄러

지기 쉬울 것입니다. 그리고 물이 들어 있는 컵을 흔들면 물은 쭉 흘러내리지 못하고 물방울이 되어 흩어져 날아가게 됩니다.

또한 무중력 상태에 오래 머물러 있게 되면 혈압이 내려가고 심장 박동수가 줄어드는 현상이 나타납니다.

산으로 올라가자
— 대기와 압력 —

 이야기

토리첼리가 대기압에 관한 실험을 성공적으로 끝낸 지 얼마 되지 않아 프랑스의 파스칼에게도 이 소식이 전해졌습니다.

파스칼은 생각했습니다.

'우리들 모두는 자신도 모르게 공기의 압력을 받으면서 생활해 나가고 있다. 머리 위에 존재하는 공기의 양이 적으면 적을수록 공기가 내리누르는 압력이 작아질 것이다. 따라서 만약 토리첼리가 한 실험을 높은 곳에서 실시한다면 유리관 속의 수은의 높이는 낮아질 것이다.'

파스칼은 이것을 증명하기 위해 교회의 탑 위에서 실험을 했습니다. 그러나 이 실험에서 파스칼은 고도 변화에 따른 수은의 높이 차이를 알지 못했습니다.

그는 교회탑이 높지 않았기 때문에 이런 결과가 나온 것이라고 생각하고 다시 높은 곳을 찾았습니다. 그러던 중 생각난 곳이 자신의 고향에 있는 산이었습니다. 그러나 파스칼은 몸이 쇠약해져 이 실험을 그의 매부에게 부탁했습니다. 매부는 이 실험을 하기 위해서 사람들을 데리고 산으로 갔습니다.

먼저 이들은 산으로 올라가기 전에 다른 유리관을 사용해 똑같은 실험을 여러 번했습니다. 실험한 결과 예상대로 수은의 높이는 일정했습니다.

이들은 산봉우리를 향해서 올라갔습니다. 그리곤 여러 종류의 유리관을 사용해서 똑같은 실험을 했습니다. 이번에도 유리관 속의 수은의 높이는 모두 일정했습니다.

그런데 이 실험에서 놀라운 사실이 발견되었습니다. 유리관 속에 있는 수은의 높이가 달라졌습니다. 즉 수은의 높이가 산을 오르기 전에 실험했던 수은의 높이보다 상당히 낮았던 것입니다.

실험에 참여했던 사람들은 이 결과를 보고 다음과 같은 생각을 했습니다.

'우리가 지금 눈으로 직접 확인하고는 있지만, 이것이 정말로 보편적인 합법성을 가지고 있다면 산중턱에서 잰 수은의 높이는 두 실험 사이의 중간 정도의 높이가 되어야만 할 것이다.'

이들의 예상은 정확하게 맞았습니다. 산중턱에서 한 똑같은 실험에 의해서 자신들의 생각을 확인할 수 있었습니다.

 사고하기

우리는 이미 이 실험의 결과를 토리첼리의 실험을 통해서 어느 정도나마 예상할 수 있었습니다.

수은이 가득 담긴 유리관을 기울여도 수은의 높이가 변하지 않는 이유는 대기의 압력 때문이었습니다.

따라서 대기의 압력이 약해지면 대기는 유리관 속의 수은을 높이 올릴 수 있는 충분한 힘을 발휘하지 못할 것입니다. 그 결과 수은의 높이가 낮아질 수밖에 없습니다.

  그럼 지표면에서 토리첼리의 실험을 할 경우 유리관에 채워진 수은의 원래 높이가 76cm보다 낮았다면 수은의 높이는 어떻게 변했을까요?

  유리관 속 수은의 높이는 높아졌을 것입니다. 지표면에서 대기가 내리누르는 힘의 세기가 1기압이기 때문에 유리관 속의 수은은 76cm 높이까지 올라가게 됩니다.

  이제 지표를 에워싸고 있는 대기에 대해서 알아보도록 합시다.

  지구는 기체로 둘러싸여 있습니다. 기체가 지구 둘레에 모여 있는 것은 지구의 중력 때문입니다. 물론 지구에 중력이 없다면 지구 둘레에 기체도 없을 것입니다. 지구 상공으로 올라갈수록 기체의 농도가 희박해진다는 사실(지구 상공으로 올라갈수록 지구 중력의 세기는 약해진다.)이 이것을 증명하고 있습니다.

  기체는 거의 같은 높이의 기층으로 되어 있는데 이것을 기권 또는 대기권이라고 합니다. 지구 중력에 의해서 지구를 둘러싸면서 기권을 형성하고 있는 기체를 대기라고 합니다.

  대기에는 여러 가지 기체가 혼합되어 있습니다. 그렇지만 지표에서 상당한 높이까지는 대기의 조성비가 일정한데 이것은 공기의 운동에 의해 아래위의 공기가 혼합되기 때문입니다.

  지표의 기체는 질소가 약 78%로 가장 많고, 그 다음으로 약 21%의 산소, 0.9% 정도의 아르곤, 0.03% 정도의 이산화탄소로 구성되어 있습니다. 이 밖에도 적은 양이지만 네온, 헬륨, 크립톤, 크세논, 오존 등이 있습니다.

  이 기체들 중에서 이산화탄소와 오존은 요즘 사람들 입에 자주 오르내리는 기체입니다.

　이산화탄소와 오존은 지구에 온실 효과를 가져다 주는 기체입니다. 태양으로부터 방출된 빛이 지구에 도달하면 지구는 그 빛을 다 흡수하지 않고 많은 양을 다시 반사하게 됩니다. 그런데 이 빛을 대기 중의 이산화탄소나 오존이 흡수합니다. 그렇기 때문에 지구의 온도는 인간이 생명을 유지할 수 있을

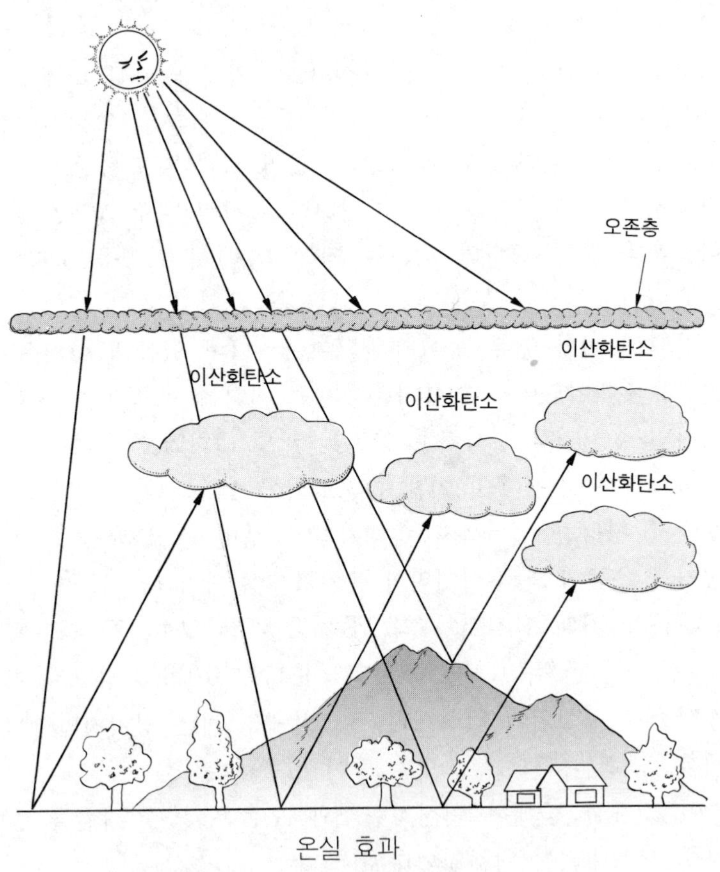

온실 효과

정도로 포근한 것입니다.

만약 지구에 이산화탄소와 오존량이 매우 적어서 태양 빛을 다시 흡수할 수 없다면 아마 지구의 온도는 지금보다 30~40℃ 정도는 내려가고 말 것입니다. 그렇지만 지구의 대기 중에 이산화탄소나 오존량이 너무 많아진다면 필요 이상의 태양 빛을 지구가 흡수해야 할 것입니다. 그렇게 된다면 지구는 점점 더워지게 되고 그로 인해서 예상치 못했던 심각한 이상 기후 현상들이 나타나게 됩니다. 이것이 지금 우리의 지구가 처해 있는 현실입니다.

그리고 오존은 또 한 가지의 중요한 역할을 하고 있습니다.

지표면에서 약 25km 부근에 오존이 밀집되어 있는 층을 오존층이라고 합니다.

태양에서 방출된 빛 가운데 자외선은 인체나 동물들에게 나쁜 영향을 끼칩니다. 그렇다면 자외선이 지구에 들어오는 것을 막아야 하지 않을까요? 지구의 오존층이 자외선을 차단해 주고 있는데 오존층이 붕괴되고 있으니 참 큰일이 아닐 수 없습니다.

일반적으로 지구의 대기는 기온 분포에 따라 대류권, 성층권, 중간권, 열권이라는 4개 구역으로 나눕니다. 그리고 열권은 다시 전리권과 외기권으로 나눕니다.

우리가 대기라고 할 때의 기층은 바로 대류권을 의미합니다. 대류권은 지상으로부터 약 10~17km 높이까지의 기층으로 지구 대기의 약 75%를 차지합니다.

대류권에서는 고도가 1km씩 높아질 때마다 기온이 약 5~6℃씩 낮아지기 때문에 상공으로 올라갈수록 춥습니다. 때문에 이곳에서는 대류 현상이 쉽게 일어날 뿐만 아니라 일기

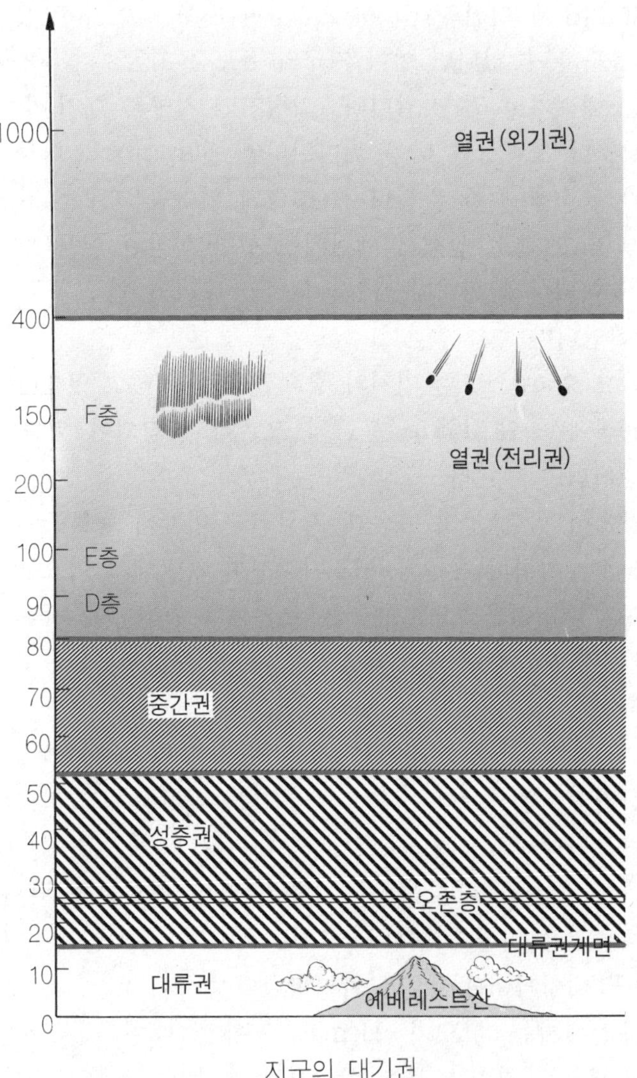

지구의 대기권

변화도 심합니다.

대류권의 끝면을 대류권계면이라고 하는데 이곳의 높이는 고위도 지방에서 약 10km, 적도 지방에서 약 17km로 위치에 따라 다릅니다.

대류권의 바로 위에 존재하는 기층을 성층권이라고 합니다. 이곳은 대류권 위에서부터 지표면 높이 약 50~55km 사이를 말합니다.

이곳은 오존층이 존재하고 있는 곳으로 많은 양의 자외선을 흡수하기 때문에 온도가 꽤 높습니다.

성층권 위의 기층을 중간권이라고 하는데 이곳은 성층권 위에서부터 지표면 높이 80km 사이의 지역을 말합니다. 이곳에서는 대기 중에 포함되어 있는 수증기의 양이 매우 적기 때문에 약간의 대류 현상이 일어나기도 하지만 대류권에서처럼 강력한 기상 현상은 일어나지 않습니다.

그리고 중간층의 상부, 즉 고도 80~400km 부근까지에는 또 다른 대기층이 나타나는데 이 층이 열권 중의 전리권입니다. 이곳에는 태양의 자외선에 의해서 공기 분자가 자유 전자로 많이 이온화되기 때문에 이곳을 이온화된 자유 전자의 밀도에 따라 다시 D층, E층, F층으로 분류합니다.

이 전리권을 넘으면 지구 대기의 마지막 단계인 외기권이 나타납니다. 이곳에서도 아주 희박하나마 대기가 존재합니다. 또한 강력한 방사능대가 존재하고 있는데 이 층을 반 알렌대라고 합니다.

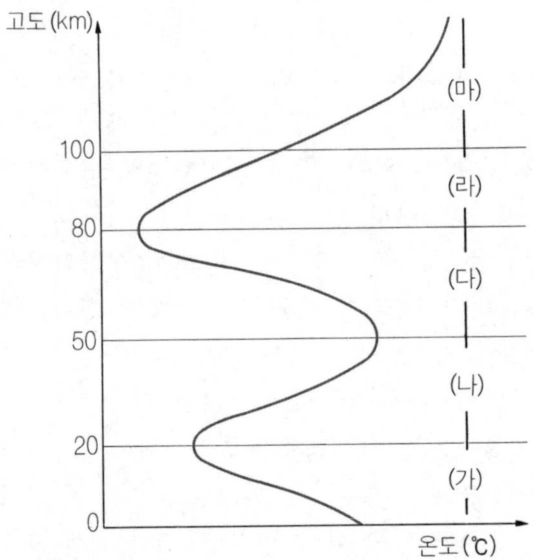

탐구하기

문 지금 문석이는 제주행 비행기에 몸을 싣고 푸른 창공 위를 날고 있습니다. 창 밖으로는 구름만 보였습니다. 사실 비행기는 구름 속을 통과하는 중이었습니다.

문석이는 가끔씩 비행기가 흔들리는 것을 느끼기도 했습니다.

그러면 이 비행기는 다음의 어느 구간을 비행하고 있는 중일까요?

ㄱ) (가) 구간이다.
ㄴ) (나) 구간이다.
ㄷ) (다) 구간이다.
ㄹ) (라) 구간이다.
ㅁ) (마) 구간이다.

비행기 창 밖으로 구름이 보였다는 것은 이 높이에서 구름이 생긴다는 것을 의미합니다. 또한 비행기가 흔들렸다는 것은 공기의 대류 현상으로 일어난 기상 현상을 의미합니다. 이처럼 구름이 생기고 기상 현상이 일어나는 대기권은 대류권입니다.

그러므로 비행기가 날고 있는 구간은 (가)입니다.

비행을 하고 있던 비행사가 기압계를 보았습니다. 그랬더니 비행기의 기압계 바늘은 지상, 즉 고도 0km 기압의 4분의 1을 가리키고 있었습니다.

그러면 다음의 고도에 따른 기온과 기압의 변화를 보여 주고 있는 표를 이용해서 이 높이가 지상으로부터 어느 정도인지 추측해 보세요?

고도(km)	기압(mb)	기온(℃)
0	1013	15.0
3	702	-4.5
6	475	-23.0
9	314	-43.4
12	198	-56.2
15	122	-56.3

ㄱ) 약 5km의 높이이다.

ㄴ) 약 7km의 높이이다.

ㄷ) 약 10km의 높이이다.

ㄹ) 약 13km의 높이이다.

ㅁ) 약 14km의 높이이다.

 표에서 보면 고도 0km에서의 기압은 1013mb입니다. 고도 기압의 4분의 1은 약 253mb가 됩니다. 이 정도의 기압은 표에서 보는 것처럼 9km와 12km 사이의 고도입니다.

● 좀더 알아봅시다

지구 대기권의 구조에 대해서 알아보았으니 여기에서는 간단하게나마 지구의 내부 구조에 대해서 알아보도록 할까요?

지구의 평균 밀도는 약 $5.52g/cm^3$가 됩니다.

그렇다면 지구 껍데기, 즉 지각의 밀도가 약 $2.7g/cm^3$ ~ $3.0g/cm^3$이라는 사실을 감안할 때 지구 내부에는 상당히 밀도가 큰 물질이 존재하고 있음을 쉽게 예측할 수 있습니다.

지진파로 지구 내부를 조사하면 지진파가 크게 꺾이는 세 개의 부분이 있는데 이것을 기준으로 해서 지구의 내부는 구분됩니다.

해양에서는 약 6km의 깊이, 대륙에서는 약 30~70km의 깊이에 지진파가 다다르게 됩니다. 이때 지진파의 곡선이 불연속을 이루는 부분이 나타나게 되는데 이 부분을 모호면이라고 합니다.

모호면을 기준으로 해서 위는 지각, 아래는 맨틀이라고 합니다. 지진파가 두 번째로 불연속을 나타내는 깊이는 지하 약 2,900km 부근입니다. 이 부분을 쿠텐베르크면이라고 하는데 모호면에서 시작된 맨틀은 이 면에서 끝나게 됩니다.

쿠텐베르크면 아래에는 핵이 존재하고 있습니다. 핵 속을 지나는 지진파는 지하 약 5,100km 부근에서 세 번째 불연속을 보이는데 이 부분을 레만면이라고 합니다. 그리고 레만면을 경계로 해서 핵은 두 부분으로 분리되는데 레만면 위의 핵을 외핵, 아래의 핵을 내핵이라고 합니다.

또한 지진파를 조사하면 외핵은 액체 상태인데 내핵은 고체 상태임을 알 수 있습니다.

일기예보의 시작
— 기단, 전선 그리고 기압 —

 이야기

르베리에는 영국에서 열린 박람회에 갔다가 그곳에서 일기도의 필요성을 절실히 느끼고 프랑스로 돌아왔습니다.

그는 돌아오자마자 일기도를 만들어 일기예보를 할 수 있는 기관의 설립을 프랑스 정부에 요청했습니다. 그러나 프랑스 정부는 이를 거절했습니다. 르베리에는 좌절하지 않고 일기예보의 필요성을 증명할 수 있는 자료들을 찾기 위해 열심히 뛰어다녔습니다.

그러던 중 크림 전쟁이 일어났습니다.

하루는 프랑스 함대가 육지를 향해 맹렬한 포격을 감행했습니다. 날이 저물자 전투도 잠시 중단되었습니다.

그런데 이날 밤 세찬 바람이 불고 태풍까지 밀어닥쳐 프랑스 함대들은 파도에 뒤집혀 침몰하고 말았습니다. 이렇게 되자 해군 사령관은 천문대에 있던 르베리에에게 긴급 지시를 했습니다.

"태풍이 발생한 원인과 프랑스 군함이 침몰된 이유를 빨리 조사해 주시오."

르베리에는 이것이 일기예보에 관한 자신의 뜻을 이룰 수 있는 좋은 기회라고 생각했습니다.

그는 프랑스 국내의 각 지역뿐만 아니라 영국, 이탈리아 등 주변 유럽 국가들에게도 프랑스 전함이 태풍으로 침몰되기 전후 며칠 동안의 기상 상태를 알려 줄 것을 요청했습니다.

수많은 자료가 르베리에에게 도착되었습니다. 자료를 기초로 르베리에는 세계지도 위에 일기 상태를 표시하기 시작했습니다.

작업을 끝내고 르베리에는 소리쳤습니다.

"바로 이거다! 이거야."

르베리에는 세계지도를 들고 해군 사령관에게로 갔습니다. 이것을 본 해군 사령관은 감탄사를 연발했습니다.

"아…… 아니, 이렇게…….''

세계지도에는 태풍이 언제 어느 곳에서 발생했으며, 어느 쪽으로 이동해 갈 것인지가 뚜렷하게 나타나 있었기 때문입니다.

해군 사령관의 입에서 감탄사가 흘러나온 것을 본 르베리에는 때를 놓칠세라 사령관에게 요청했습니다.

"만약 프랑스 정부가 이런 일기도를 미리 만들어서 알려 주었다면 밤 사이 군함이 태풍에 의해 침몰당하는 그런 불상사는 겪지 않아도 됐을 것이오. 또한 일기를 미리 알 수 있다면 프랑스 산업 발전에도 유리할 것이오. 장군, 정부로부터 일기도를 만들 수 있는 허락을 받도록 좀 도와 주시지 않겠소?"

"좋소, 내 최대한 노력해 보겠소. 당신이 일기도의 필요성을 정부에 다시 한번 건의하시오. 그럼 내가 장관 회의 때 그 안이 통과될 수 있도록 최선을 다하겠소."

이렇게 해서 프랑스에 세계 최초의 기상청이 설립되었습니다.

 사고하기

어떤 지역에서 같은 시각에 관측한 기온, 기압, 풍향, 풍속, 구름, 날씨 등을 지도에 기호와 부호로 표시해서 그 지역의 기상 상태를 알아볼 수 있도록 만든 것이 바로 일기도입니다. 일기도 안에는 기단, 전선, 기압 등이 나타나는데 이것들이 그 지역의 일기를 좌우하는 결정적인 요소입니다.

대륙의 넓은 사막이나 대양과 같이 지표의 성질이 거의 비슷한 지역에 대기가 오랜 시간 동안 머물러 있으면, 대기는 차차 그 아래 지표면과 비슷한 성질을 가지게 됩니다. 이처럼 넓은 범위에 걸쳐 대기의 성질이 수평적으로 균일한 분포를 이룰 때 이 거대한 공기 덩어리를 기단이라고 합니다.

그러므로 한 기단 내에서는 기온이나 습도 등이 거의 일정합니다. 기단의 성질을 결정짓는 중요한 요인은 그 지역의 온도와 위치이며, 그에 따라서 기단을 분류합니다.

그러면 먼저 기단에 대해서 알아보도록 할까요?

기단이 발생한 지역의 위치가 적도 지방인가, 열대 지방인가, 한대 지방인가, 아니면 극 지방인가에 따라서 적도 기단, 열대 기단, 한대 기단, 그리고 극 기단으로 분류하고 각각 E, T, P, A로 표시합니다. 그리고 습도 조건에 따라서 대륙에서 발생한 기단을 대륙성 기단 c로 표시하고, 해양에서 발생한 기단을 해양성 기단 m으로 표시합니다.

예를 들면 겨울철에 우리 나라의 기후에 큰 영향을 끼치는 기단인 시베리아 기단은 대륙(c)과 한대 지방(P)에서 발생하기 때문에 cP로 나타내고, 여름철 우리 나라에 큰 영향을 미치는 북태평양 기단은 바다(m)와 열대 지방(T)에서 발생하기 때문에 mT로 나타냅니다.

우리 나라의 기후에 큰 영향을 미치는 주변의 기단에는 시베리아 기단, 양쯔강 기단, 오호츠크해 기단, 북태평양 기단, 그리고 적도 기단 등이 있습니다.

이것들의 특성은 다음과 같습니다.

시베리아 기단은 cP로 표시하고, 주로 겨울철에 발생하며

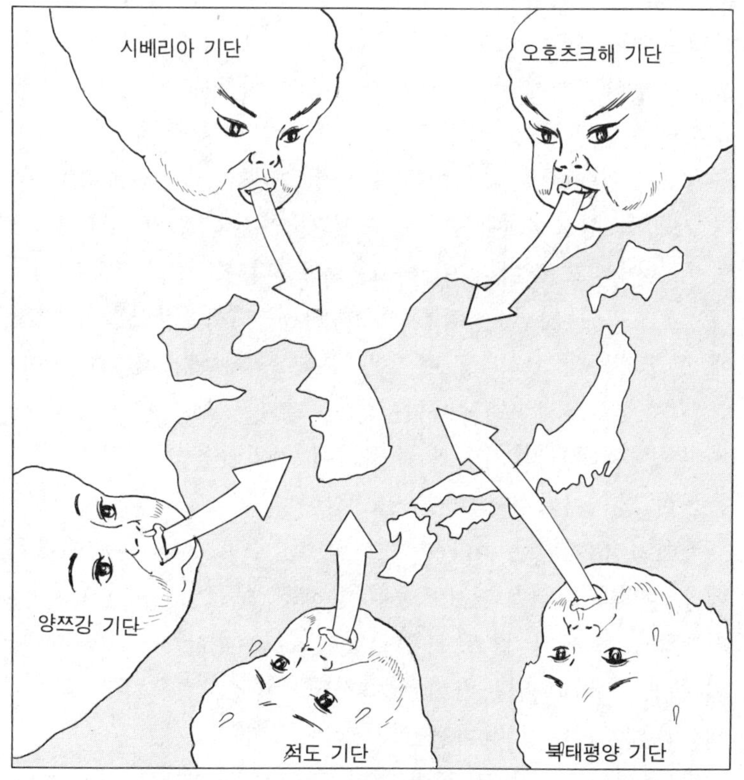

우리 나라 부근의 기단

그 발생 지역은 시베리아 대륙입니다. 이 기단은 차고 건조한 기단으로서 우리 나라의 동해로 빠져 나간 다음에는 급격히 다른 모습을 보이면서 불안정해지다가 북서 계절풍을 일으킵니다.

양쯔강 기단은 cT로 표시하며, 주로 봄과 가을철에 발생하는데 그 발생 지역은 양쯔강 유역 이남 부근입니다. 이 기단은 비교적 건조한 기단으로서 좋은 날씨를 보이지만 가끔 늦서리를 가져오는 때도 있습니다. 그리고 양쯔강 기단은 이동성 고기압과 함께 중국 대륙으로부터 이동해 오는데 이 기단 속에서는 적운형의 구름(공기가 급격히 상승할 때 만들어지는 구름으로 솟아오른 모양을 하고 있습니다. 이것에 비해 공기가 서서히 상승할 때 수평으로 넓게 퍼진 모양의 구름을 층운형 구름이라고 합니다)이 주로 발생합니다.

오호츠크해 기단은 mP로 표현하며, 주로 장마철과 가을철에 발생하는데 그 발생 지역은 오호츠크해 부근입니다. 이 기단은 오호츠크해 부근에서는 좋은 날씨를 보이지만 우리 나라에 오면 북태평양 기단과 대치되어 기압골을 형성하기 때문에 음산한 날씨이거나 장마를 일으킵니다.

북태평양 기단은 mT로 표시하며, 주로 여름철에 발생하는데 그 발생 지역은 일본 동남쪽 해상 부근입니다. 이 기단은 따뜻하고 습도가 많으나 저기압이 없는 한 좋은 날씨를 나타냅니다. 그리고 일사량이 많아지면 뇌우를 일으키고 오호츠크해 기단을 만나면 장마를 일으키기도 합니다.

적도 기단은 mE로 표현하며, 주로 여름철에 발생하는데 그 발생 지역은 적도 부근입니다. 이 기단은 온도와 습도가 매우 높은 특성을 가지고 있으며 태풍과 함께 우리 나라 지역에 와

서 많은 비를 내리게 합니다.

그럼 이제는 전선에 대해서 알아봅시다.

성질이 다른 두 기단이 만나게 되면 그 경계면에는 하나의 불연속면이 만들어집니다. 이 불연속면을 전선면이라고 합니다.

그런데 여기에서 말하는 전선면은 우리가 일반적으로 수학에서 말하는 두께가 없는 직선이 아니라 수 km에서 수십 km의 두께를 가진 면입니다. 이 불연속면을 경계로 두 기단의 성질은 크게 변화합니다.

예를 들면 차가운 기단과 따뜻한 기단이 서로 만나면 밀도가 큰 차가운 기단이 밀도가 작은 따뜻한 기단 밑으로 파고 들어가게 됩니다. 이때 이 두 전선 사이에 하나의 전선면이 만들어지는데 이것이 지표와 만나서 이루어지는 곡선을 전선이라고 합니다.

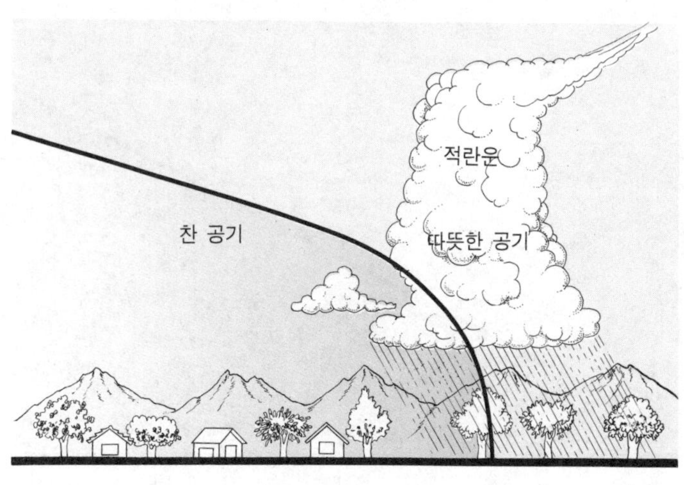

한랭 전선

전선에는 4개의 중요한 전선이 있습니다. 이것의 특성은 다음과 같습니다.

한랭 전선은 가장 중요한 전선으로 차가운 기단과 따뜻한 기단이 서로 만나 차가운 기단이 따뜻한 기단 밑으로 파고 들어가 지표에 만드는 전선입니다.

한마디로 한랭 전선은 차가운 공기의 힘이 따뜻한 공기의 힘보다 강한 경우 만들어지는 전선입니다.

한랭 전선이 통과하는 지역에서는 따뜻한 공기가 차가운 공기에 의해서 밀어올려지기 때문에 적운형의 구름이 만들어지고, 따뜻한 공기가 불안정한 상태로 되면 뇌우와 함께 비가 내립니다. 한랭 전선의 전선면은 기울기가 매우 급하고 이동 속도가 빠르기 때문에 그 지역에 비가 내릴 경우 좁은 지역에 짧은 시간 동안만 뿌립니다.

온난 전선은 뜨거운 기단이 차가운 기단의 경계면 위로 상

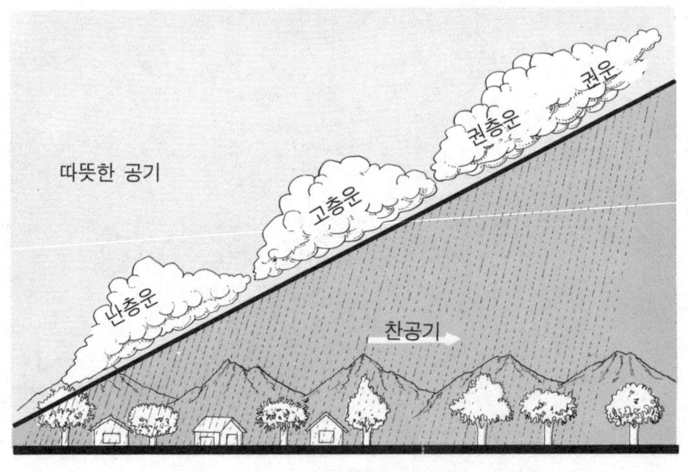

온난 전선

승하면서 지표면과 만나는 부분에서 만들어지는 전선입니다.

즉 온난 전선은 차가운 공기의 힘이 따뜻한 공기의 힘보다 약한 경우에 만들어지는 전선입니다.

온난 전선이 통과하는 지역에서는 일반적으로 따뜻한 공기의 상승 운동이 완만하고 안정적입니다. 그렇기 때문에 그 지역에 내리는 비는 약하지만 넓은 범위에 걸쳐 지속적으로 내리게 됩니다. 온난 전선의 전선면의 기울기는 한랭 전선과 비교할 때 완만하며 전선의 이동 속도 또한 매우 느립니다.

폐색 전선은 한랭 전선과 온난 전선이 합쳐진 전선이라고 할 수 있습니다. 폐색 전선은 전선의 모양이 한랭 전선을 닮았느냐 온난 전선을 닮았느냐에 따라서 온난형 폐색 전선과 한랭형 폐색 전선으로 나눕니다.

폐색 전선이 발생한 지역에서의 기후는 한랭 전선과 온난 전선이 수반되었을 때의 날씨와 흡사합니다.

정체 전선은 따뜻한 공기와 차가운 공기의 세력이 거의 같을 때 만들어지는 전선입니다. 이때에는 두 공기의 힘이 서로 엇비슷하기 때문에 전선이 좀처럼 이동하지 않습니다. 바로 이런 이유로 이 전선을 정체 전선이라고 하는 것입니다.

정체 전선의 대표적인 예로는 장마 전선을 들 수가 있습니다.

마지막으로 고기압과 저기압에 대해서 알아보도록 할까요?

우리들 중에는 기압이 1013mb보다 높은 기압을 고기압, 이것보다 낮은 기압을 저기압이라고 생각하는 사람들이 있습니다. 그러나 이것은 매우 잘못된 것입니다. 1013mb는 그냥 1기압일 뿐입니다.

따라서 고기압이나 저기압은 어느 기준치 이상이나 이하의

기압을 의미하는 것이 아니라, 어떤 지역의 기압과 그 지역을
둘러싸고 있는 주변 지역의 기압과의 상대적인 관계를 나타내
는 것입니다.

　예를 들면 고기압이란 어떤 지역의 기압이 주변 지역의 기
압보다 높을 때를 말하고, 저기압이란 어떤 지역의 기압이 주
변 지역의 기압보다 낮을 때를 말합니다.

　그러면 주변 지역보다 기압이 높고 낮은 것이 중요한 이유
는 무엇일까요?

　이것은 바람 때문입니다.

　어떤 지역의 기압이 고기압인지 저기압인지에 따라 그 지역
의 풍향이 어떻고 앞으로 어떻게 변하게 될지를 예상할 수 있
습니다. 바람은 고기압에서 저기압 쪽으로 불기 때문입니다.

　따라서 어떤 지역의 기압 배치가 저기압이라면 주변 지역으

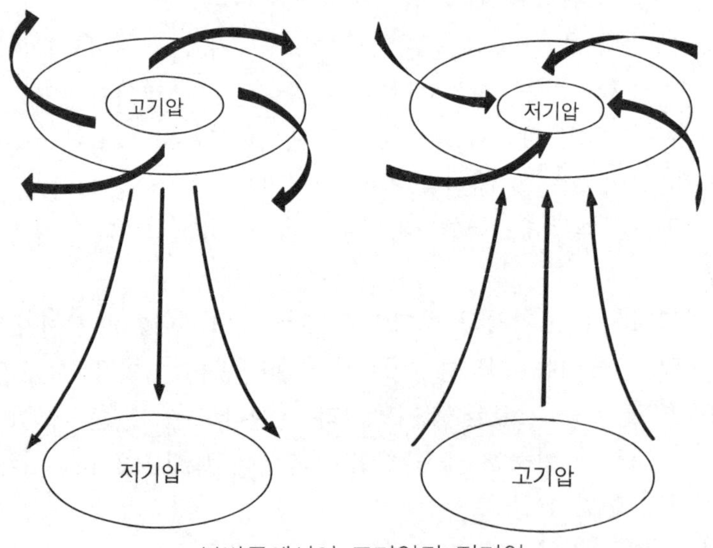

북반구에서의 고기압과 저기압

168

로부터 바람이 불어오게 되고 반대로 기압 배치가 고기압이라면 이 지역에서 다른 지역으로 바람은 불어가게 될 것입니다.

북반구 고기압 중심으로부터 빠져 나가는 바람의 방향은 시계바늘 방향과 같고 북반구 저기압 중심으로 끌려 들어오는 바람의 방향은 시계바늘 방향과 반대입니다.

고기압이 형성된 중심 부근에서는 하강 기류가 발생합니다. 이런 이유로 이곳에서는 맑은 날씨가 계속되는 경우가 많습니다. 이와는 반대로 저기압이 형성된 중심 부근에서는 상승 기류가 발생합니다. 그래서 그곳에서는 비를 동반한 흐린 날씨가 계속되는 경우가 많습니다.

 탐구하기

문 우리 나라의 여름철 기후는 장마라고 하는 독특한 특징을 가지고 있습니다. 여름철의 장마 기간 동안 많은 양의 비가 한꺼번에 쏟아지다가 장마가 끝나면 덥고 쾌청한 날씨가 잠시 동안 계속됩니다. 왜 이런 현상이 일어나는 것일까요?

ㄱ) 건조한 중국 대륙으로부터 모래 바람이 불어오기 때문이다.

ㄴ) 공기 중에 있던 수증기의 대부분이 모두 비로 변해 버렸기 때문이다.

ㄷ) 태풍이 우리 나라 상공의 모든 구름을 이동시켰기 때문이다.

ㄹ) 일본 열도를 중심으로 지진대가 발달되었기 때문이다.

ㅁ) 기층이 안정되었기 때문이다.

답 장마가 끝나면 우리 나라에는 북태평양 기단이 서서히 밀려 올라옵니다. 이때 상륙한 북태평양 기단은 지표면을 서서히 냉각시킵니다.

따라서 찬 공기가 아래쪽에 위치하여 기층은 안정됩니다.

그래서 장마가 끝난 뒤 잠시 동안 쾌청하고 무더운 날씨가 계속되는 것입니다.

문 아래에 있는 일기도는 어느 날 우리 나라 주변의 기압 배치를 보여 주고 있습니다.

다음 중에서 공기가 발산되어 하강하는 운동이 주로 발생하는 지역을 모두 골라 보세요?

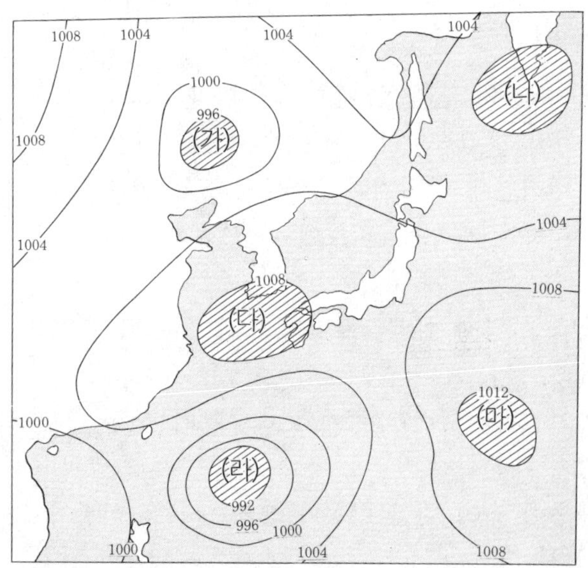

ㄱ) (가), (나) 지역

ㄴ) (가), (라), (마) 지역

ㄷ) (나), (다), (라), (마) 지역

ㄹ) (나), (라), (마) 지역

ㅁ) (다), (마) 지역

답 공기가 발산되어 하강하는 운동이 주로 발생하는 지역은 고기압 지역입니다. 고기압 지역이란 주위 지역보다 상대적으로 기압이 높은 지역을 말합니다.

그러므로 (다)와 (마) 지역이 고기압 지역임을 알 수 있습니다.

그렇다면 공기가 모여들어 상승하는 운동이 주로 일어나는 저기압 지역은 주변보다 상대적으로 기압 배치가 낮은 (가), (나), (마) 지역이 됩니다.

● 좀더 알아봅시다

날씨와 기후는 같은 것일까요, 아니면 다른 것일까요?

우리는 날씨와 기후를 같은 의미로 사용하는 큰 오류를 범하고 있습니다.

기후에는 기후 인자와 기후 요소가 있습니다.

기후 인자에는 위도, 수륙 분포, 해발 고도, 해류, 지형 등이 있고, 기후 요소에는 기온, 강수량, 바람, 습도 등이 있습니다.

우리 나라의 기후 특성은 다음과 같습니다.

편서풍대에 위치해 있기 때문에 날씨 변화가 서쪽에서 동쪽으로 진행되고, 대륙의 동쪽 해안에 위치해 있어 계절풍과 동해안 기후가 뚜렷하게 나타나며, 기온의 연교차가 크고 건기와 우기가 매우 뚜렷합니다.

마그데부르크의 반구
— 진공의 위력 —

 이야기

17세기 마그데부르크 시의 시장이었던 오토 본 게리케라는 사람이 있었습니다. 그는 시장으로서의 직무를 열심히 수행하면서도 과학에 대단한 관심을 가지고 있었습니다.

어느 날 게리케는 진공 상태를 만들기 위해서 통에 물을 가득 담았습니다. 그리고 이 통을 펌프에 연결시킨 다음 통 안의 물을 밖으로 뽑아 내기 시작했습니다.

그러나 통 속의 물을 전부 다 뽑아 냈는데도 진공 상태는 되지 않았습니다. 게리케는 뒤늦게야 나무로 만들어진 통의 아주 미세한 틈 사이로 공기가 스며들고 있다는 사실을 알아냈습니다.

그래서 그는 한치의 틈도 없는 통을 만들어서 똑같은 실험을 반복했습니다.

그랬더니 이번에는 이상한 일이 벌어졌습니다. 통 속의 물이 빠져 나갈수록 물을 밖으로 빼내기가 힘들어지는 것이었습니다. 즉 통으로부터 물을 빼낼수록 펌프를 작동시키는 데 이전보다 몇 배의 큰 힘이 필요했습니다.

그런데 이게 어찌된 일입니까? 그만 통이 부서지고야 말았습니다.

172

　이렇게 되자 게리케는 구리를 이용해 통을 만들었습니다. 그는 똑같은 실험을 또다시 반복했습니다.

　그런데 이번에도 예상치 못한 일이 벌어졌습니다. 구리통에서 물과 공기를 거의 다 뽑아 냈다고 생각할 즈음에 굉음을 내면서 구리통이 찌그러져 버렸습니다.

　그렇지만 게리케는 포기하지 않았습니다. 그는 더 튼튼한 구리통을 만들어 똑같은 실험을 반복했습니다. 구리통 안이 진공 상태로 될수록 힘은 몇 배로 더 들었습니다.

　마침내 구리통에서 공기가 더 이상 나오지 않자 게리케가 외쳤습니다.

　"성공이다! 나는 진공 상태를 만들어 냈다!"

　그러나 게리케의 마음 한구석에는 이 구리통 안이 정말로 진공 상태로 된 것인지 궁금했습니다. 그래서 그는 통의 마개를 열어 보았습니다. 그러자 쐐 하는 소리와 함께 굉장히 빠

른 속도로 공기가 통 안으로 들어가기 시작했습니다. 확실히 통 안은 진공 상태였던 것입니다.

게리케는 한걸음 더 나아가 완전한 진공 상태로 만드는 장치를 고안해 내는 일에 노력했습니다. 진공을 만들 수 있게 되자 게리케는 진공을 이용해서 여러 가지 실험을 해 보았습니다.

그는 불이 켜진 양초가 진공 중에서도 계속 탈 수 있는지를 알아보기 위해서 양초를 진공 용기 속에 넣어 보았습니다. 그랬더니 촛불이 꺼졌습니다.

또한 그는 새나 물고기 같은 생물들이 진공 중에서도 살 수 있는지를 알아보기 위해서 이것들을 진공 용기 속에 넣어 보았습니다. 물론 죽었습니다.

그리고 또한 그는 소리 나는 시계가 진공 용기 속에서도 소리를 낼 수 있는지를 알아보았습니다.

소리가 났을까요? 나지 않았을까요?

소리는 나지 않았습니다. 왜냐하면 소리는 공기가 존재하는 곳에서만 전해질 수 있기 때문입니다.

게리케는 진공의 존재와 위력을 사람들에게 보여 주고 싶어 했습니다. 그래서 그는 몇 명의 친구들을 불러다 놓고 이것을 보여 주기로 마음먹었습니다.

게리케는 구를 반으로 잘라 이것을 다시 완전히 밀착시켜 속이 빈 공으로 만들었습니다. 그리고 반구의 아주 미세한 틈 사이도 완전히 막았습니다. 물론 성공적으로 끝났습니다.

페르디난드 3세가 이 이야기를 전해 들었습니다. 국왕은 게리케에게 자신이 보는 앞에서 이 실험을 공개적으로 실시할 것을 명령했습니다.

공개 실험에서 게리케는 반구와 함께 16마리의 말을 이용했습니다. 즉 진공 상태로 만들어진 반구를 잡아당기기 위해서 16마리의 말들이 양쪽으로 나뉘어져 구를 잡아당기도록 했습니다. 그러나 구는 쉽게 떨어지지 않았습니다.

그런데 마침내 꽝 하는 굉음과 함께 구는 두 쪽으로 떨어졌습니다. 국왕을 비롯하여 이 광경을 지켜 보고 있던 사람들은 놀랐습니다.

잠시 후 한 가지의 실험을 더 했습니다. 그는 떨어진 반구를 다시 붙인 다음 펌프를 이용해 공기를 전부 다 빼냈습니다. 그런 다음 게리케는 그 반구에 붙어 있던 마개를 약간 돌리고 반구를 살짝 잡아당겼습니다.

그러자 이게 어찌된 일입니까? 말 16마리의 힘으로도 겨우 떼어 낼 수 있었던 반구가 너무나도 쉽게 떨어졌던 것입니다. 사람들은 또 한번 놀라면서 그저 멍하니 바라만 보고 있었습니다.

 사고하기

게리케가 왜 그렇게 기뻐했을까요?
여기에는 커다란 의미가 있습니다.
아리스토텔레스는 진공의 존재를 강력하게 부정했습니다. 그런데 진공을 만들었으니 하나의 혁명이 일어난 것입니다.
게리케가 진공을 만들기에 앞서서 토리첼리는 이미 진공을 만들어 냈습니다.
앞에서 살펴본 토리첼리의 실험을 다시 한번 생각해 봅시다.

유리관 속에 꽉 차 있던 수은이 대기압의 영향 때문에 76cm 높이까지 내려갔습니다. 그래서 유리관의 윗부분은 빈 공간으로 남게 된 것입니다. 이 공간이 바로 진공 상태인데 이 진공을 토리첼리의 진공이라고 합니다.

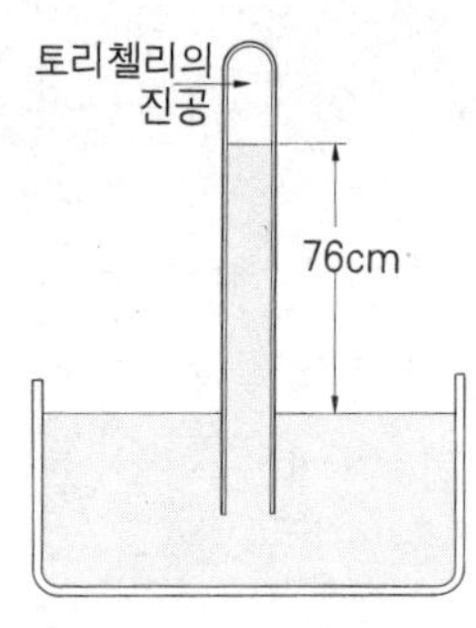

토리첼리의 진공

지금까지 우리가 알아본 진공은 인위적인 진공입니다. 그렇다면 인위적인 진공이 아닌 천연적인 진공은 존재하지 않는 것일까요?

천연적인 진공의 대표적인 예는 우주 공간입니다. 우주 공간은 초고진공의 상태라고 할 수 있습니다.

게리케가 실험한 반구의 예에서 알아본 것처럼 대기의 압력은 대단히 강력합니다. 대기의 압력이 얼마나 강한지는 다음과 같은 간단한 실험으로 알 수 있습니다.

나무판자를 책상 위에 반쯤 걸쳐 놓고 또 다른 반은 책상에서 튀어나오게 한 다음 책상 위에 걸쳐진 나무판자 위에 신문지를 펼쳐 놓아 보세요? 그런 다음 책상에서 튀어나온 나무판자를 힘있게 두드려 보세요?

아마 나무판자가 책상에서 쉽게 떨어지지 않을 것입니다. 이것은 바로 대기의 압력 때문입니다.

그럼 이번에는 공기의 압력과 속력에 관해서 알아보도록 하죠.

그림과 같은 U자 모양의 튜브(벤투리 튜브) 속에 왼쪽에서 오른쪽으로 공기를 흐르게 했습니다. 이때 공기의 속력이 어느 위치에서 가장 빠를까요?

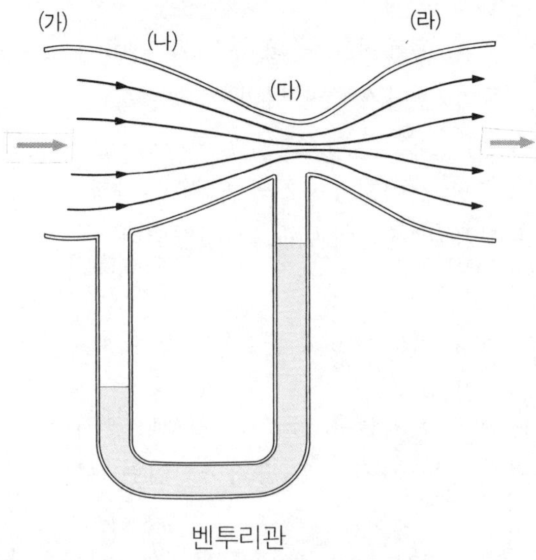

벤투리관

튜브의 단면적이 작을수록 튜브를 지나는 공기의 속력은 점점 더 빨라지게 됩니다. 따라서 공기의 속력은 벤투리 튜브의 단면적이 가장 작은 (다)에서 가장 빠르고, 단면적이 가장 큰 (가)에서 가장 느립니다.

그러면 이 튜브 속을 흐르는 공기의 압력이 가장 센 곳은 어느 곳일까요?

튜브 속을 지나는 유체의 속력과 압력은 서로 반비례합니다. 즉 공기의 압력은 벤투리 튜브 속에서 공기의 속력이 가장 빠른 (다)에서 가장 작아지고, 공기의 속력이 가장 느린 (가)에서 가장 커집니다.

이번에는 벤투리 튜브 속에 약간의 물을 담고 튜브 속의 공기를 왼쪽에서 오른쪽으로 흐르게 했습니다. 이때 튜브 속의 물의 높이는 어떻게 될까요?

벤투리 튜브 속에서는 압력의 차이가 생깁니다. 그렇기 때문에 압력이 높은 곳에서는 물의 높이가 낮아지고, 압력이 낮은 곳에서는 물의 높이가 높아집니다.

따라서 공기의 압력이 가장 센 (가)에서 물의 높이는 처음보다 낮아지게 될 것이고, 공기의 압력이 가장 약한 (다)에서 물의 높이는 처음보다 높아지게 될 것입니다.

 탐구하기

문 기체나 액체 분자들은 스스로 기체나 액체 속으로 퍼져 나가는 성질을 가지고 있습니다. 이런 성질을 확산이라고 합니다.

그러면 다음 중에서 확산 현상이라고 볼 수 없는 것은 어느 것일까요?

ㄱ) 선풍기나 에어컨 바람이 전혀 없는 방 안에서 향수 냄새가 퍼진다.

ㄴ) 잉크 한 방울을 물에 떨어뜨리면 물을 휘젓지 않아도 잉크가 물 전체로 번진다.

ㄷ) 부엌에서 생선 굽는 냄새가 방 안으로 들어왔다.

ㄹ) 암모니아가 들어 있는 병뚜껑을 열면 냄새가 난다.

ㅁ) 입으로 풍선을 불었더니 풍선이 팽팽해졌다.

답 확산 현상은 외부로부터의 힘에 의해서 이루어지는 운동이 아니라 분자들이 스스로 하는 운동입니다.

그런데 풍선에 공기를 불어넣는 것은 강제성을 띤 것이므로 확산 현상이 아닙니다. 그러면 확산 현상이 자연스럽게 일어나는 이유는 무엇일까요?

178

　이것은 농도를 같게 해서 평형 상태를 유지하려고 하기 때문입니다. 따라서 정답은 ㅁ)입니다.

문 다음과 같은 5가지의 기체가 똑같은 상태에 놓여 있습니다. 그러면 다음 중에서 기체의 확산 속도가 가장 빠른 것은 어느 것일까요?
　　ㄱ) 수소(H_2)
　　ㄴ) 메탄(CH_4)
　　ㄷ) 산소(O_2)
　　ㄹ) 질소(N_2)
　　ㅁ) 이산화탄소(CO_2)

답 기체의 확산 속도는 분자량에 의존하는데, 이것을 그레이엄의 법칙이라고 합니다. 즉 기체의 분자량이 작을수록 확산 속도가 빠릅니다. 따라서 이 개체 중에서 수소의 확산 속도가 가장 빠릅니다.

● **좀더 알아봅시다**

　기체, 액체, 고체 분자들은 항상 스스로 운동하는 성질을 가지고 있습니다. 이러한 성질 때문에 나타나는 분자의 움직임을 분자 운동이라고 합니다.
　물 위에 꽃가루를 떨어뜨린 다음 현미경으로 관찰해 보면 꽃가루의 작은 입자들이 이리저리 불규칙적으로 운동하는데, 이 현상을 브라운 운동이라고 합니다. 브라운 운동은 분자의 운동을 간접적으로 보여 주는 증거입니다.

2배하면 2분의 1로

— 보일의 법칙 —

 이야기

보일의 첫번째 저서가 출간되자 여기저기에서 반론이 제기되었습니다. 왜냐하면 보일은 이 책에서 자신이 만든 진공 펌프를 이용한 실험으로 토리첼리의 진공에 관한 실험을 지지하는 입장을 표명했기 때문입니다.

제기된 반론 중에 다음과 같은 것이 있었습니다.

"보일, 당신은 자신의 저서에서 토리첼리의 실험 현상, 즉 유리관 속의 수은이 76cm나 올라가는 현상은 대기의 압력 때문이라고 했습니다. 그러나 이 생각은 완전히 잘못된 것입니다. 생각해 보십시오. 대기라는 것은 공기 아닙니까? 또한 공기라는 것은 그야말로 가볍기 이를 데 없는데 어떻게 무거운 수은을 그것도 76cm나 밀어 올릴 수 있겠습니까?"

보일은 이와 같은 반론을 제기한 사람에게 물었습니다.

"그럼, 당신은 어떤 원인 때문에 유리관 속의 수은이 76cm나 올라갈 수 있다고 생각하십니까?"

"토리첼리의 실험에서 유리관 속의 수은이 76cm나 올라갈 수 있었던 것은 사람의 눈에는 보이지 않는 끈이 존재하고 있기 때문입니다. 즉 눈에 보이지 않는 끈이 유리관 위에 매달려 있어서 수은을 위로 잡아당겼기 때문입니다."

　반론을 제기했던 사람은 자신의 생각을 증명해 보이기라도 하듯 한쪽 끝이 막혀 있는 유리관을 이용해서 실험해 보였습니다.

　그는 유리관의 뚫린 쪽을 손가락으로 막은 다음 유리관을 거꾸로 뒤집으면서 말했습니다.

　"내 손가락이 유리관 속으로 빨려 들어가는 느낌이오. 당신도 틀림없이 나와 똑같은 느낌을 받게 될 것이오. 자, 한번 해 보시오."

　상황이 이렇게 되자 보일은 자신의 생각이 옳다는 것을 증명해 보이지 않을 수 없게 되었습니다. 어떻게 하는 것이 가장 좋은 실험 방법인지 보일은 곰곰이 생각해 보았습니다.

'대기의 압력이 우리가 생각하는 것보다 훨씬 더 큰 힘이라는 사실을 보여 줄 수 있는 실험이어야 하는데…….'

보일은 한쪽(긴 쪽)은 뚫리고 또 다른 한쪽(짧은 쪽)은 막힌 길이가 약 3m 정도 되는 J자 모양의 유리관을 준비하여 유리관을 두 부분으로 분리시키기 위해 수은을 부었습니다. 이때의 수은 면을 기준점으로 하고 이 위치에서부터 양쪽 유리관에 눈금을 표시했습니다.

보일은 유리관에 수은을 조심조심 부었습니다. 유리관 속으로 들어간 수은은 짧은 쪽 유리관 속에 들어 있던 공기를 서서히 압축시키기 시작했습니다.

보일이 정확히 2기압의 힘을 낼 수 있을 만큼의 수은을 집어넣은 후 짧은 쪽 유리관 속의 공기의 압축된 율을 보니 정확히 반으로 줄어들어 있었습니다.

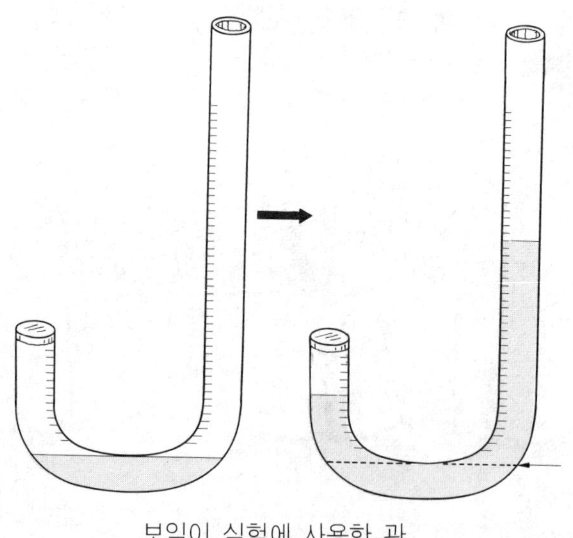

보일이 실험에 사용한 관

 사고하기

 일반적으로 대기 중에 존재하는 공기는 기체 상태입니다. 그렇다고 해서 공기가 항상 기체 상태로만 존재한다고 생각해서는 절대로 안 됩니다. 압력이나 온도를 변화시켜 줌으로써 기체를 액체 상태로 바꿀 수 있기 때문입니다.

 그리고 이와는 반대로 액체나 고체 상태의 물체를 기체 상태로 만드는 것 또한 가능합니다.

 예를 들면 고체인 드라이아이스는 공기 중에서 액체 상태를 거치지 않고 직접 기체 상태로 변합니다.

 이처럼 모든 고체나 액체는 기체로 변할 수 있으며, 기체가 액체나 고체로 변하는 것도 역시 가능합니다.

 물체는 사람의 눈으로는 볼 수 없는 원자와 분자들로 이루어져 있습니다. 그런데 물체를 구성하고 있는 분자나 원자는 그 물질의 상태와 온도에 따라서 매우 다양한 운동을 끊임없이 하고 있습니다. 이 운동을 열운동이라고 합니다.

 물체에 열을 가하면 온도가 상승하게 됩니다. 이때 그 물체는 길이나 부피 등의 외형적인 변화뿐만 아니라 내부적인 변화도 겪게 됩니다. 물체의 내부적인 변화란 물체를 구성하고 있는 분자나 원자의 배열 상태를 말합니다. 즉 분자나 원자의 배열 상태가 규칙적이냐 아니면 불규칙적이냐의 문제입니다.

 열을 많이 받았다는 것은 들떴다는 것 아닐까요?

 그러므로 분자나 원자의 배열 상태는 고체가 가장 규칙적이고, 기체가 가장 불규칙적입니다.

 얼음이나 소금과 같이 분자나 원자가 규칙적인 배열 상태를 이루고 있는 물질을 결정질 물질이라고 합니다. 이와는 달리

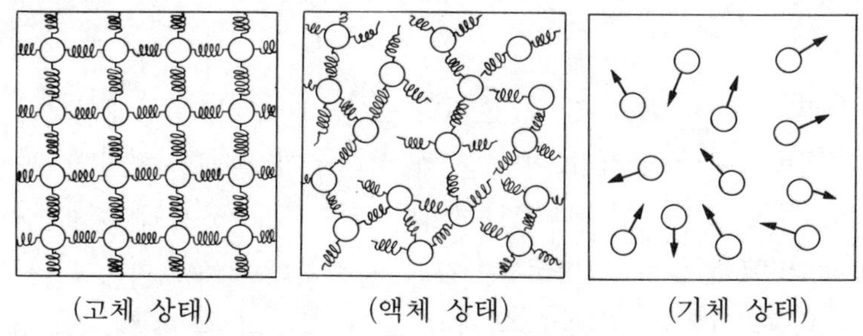

고체, 액체, 기체 상태에서의 분자와 원자의 운동

기름이나 고무처럼 분자나 원자가 불규칙적인 배열 상태를 이루고 있는 물질을 비결정질 물질이라고 합니다.

물체에 열을 가하면 물체 내의 분자나 원자 운동은 매우 활발해집니다. 그래서 물체의 상태가 고체에서 액체로, 액체에서 기체로 변하게 됩니다.

이와는 반대로 물체가 외부로 열을 방출하면 물체 내의 분자나 원자 운동은 매우 둔해집니다. 그래서 물체의 상태가 기체에서 액체로, 액체에서 고체로 변하게 됩니다.

물체의 상태가 변화될 때에는 반드시 열을 필요로 합니다. 이때 필요로 하는 열을 숨은열 또는 잠열이라고 하는데 이것은 물체의 상태 변화 과정에 따라서 융해열, 기화열, 승화열로 나눕니다.

고체가 열을 흡수해서 액체로 되는 현상을 융해라 하고 융해가 시작되는 온도를 융해점이라 하며, 이때 필요로 하는 숨은열을 융해열이라고 합니다.

그리고 냉각된 액체가 고체로 변화되는 현상을 응고라 하고 응고가 시작되는 온도를 응고점이라 하며, 이때 필요로 하는 숨은열을 응고열이라고 합니다.

　액체가 열을 흡수해서 기체로 되는 현상을 기화라 하고 기화가 시작되는 온도를 기화점이라 하며, 이때 필요로 하는 숨은열을 기화열이라고 합니다.

　기화 현상에는 증발 현상과 비등 현상이 있습니다. 증발이란 액체의 표면에서만 이루어지는 기화 현상으로 이때 발생하는 기체를 증기라고 합니다. 그리고 비등이란 액체의 내부에서 형성된 기포가 액체의 표면 위로 상승하면서 기체가 되는 현상으로 끓음이라고 합니다.

　반대로 냉각된 기체가 액체로 변화되는 현상을 액화 또는 응결이라 하고 액화가 시작되는 온도를 액화점이라 하며, 이때 필요로 하는 숨은열을 액화열이라고 합니다.

　나프탈렌이나 드라이아이스처럼 고체가 액체 상태를 거치지 않고 직접 기체 상태로 변하는 현상을 승화라 하고 이런 물질을 승화 물질이라 하며, 이때 필요로 하는 숨은열을 승화열이라고 합니다.

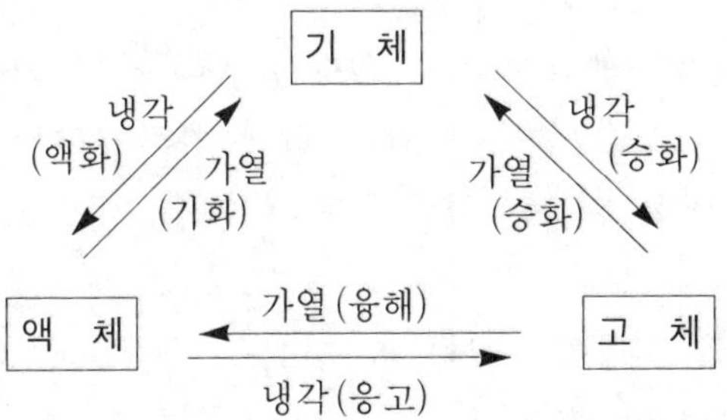

　일반적으로 모든 물체는 온도가 상승하면 그에 비례해서 부피가 팽창합니다. 부피가 팽창한다는 것은 면적과 길이가 함께 팽창한다는 것을 뜻합니다. 이처럼 온도 상승의 결과 길이, 면적, 부피가 팽창하는 것을 모두 열팽창이라고 합니다.

이제 기체의 부피, 압력, 그리고 온도 사이에는 어떤 관계가 성립하는지 한번 알아보도록 합시다.

보일의 실험에서 알 수 있는 것처럼 기체에 가한 압력의 세기와 그에 따른 기체의 부피는 반비례합니다. 즉 온도를 일정하게 유지시킨 상태에서 압력을 2배, 3배, 4배로 증가시키게 되면 기체의 부피는 2분의 1배, 3분의 1배, 4분의 1배로 줄어들게 됩니다.

이처럼 일정한 온도하에서 기체의 압력과 부피는 반비례하는데 이것을 보일의 법칙이라고 합니다.

압력을 P, 부피를 V라고 할 경우 이것을 수식으로 나타내면 다음과 같습니다.

PV=일정

보일의 법칙은 온도를 일정하게 유지시킨 상태에서 압력과 부피의 관계를 나타낸 것입니다. 그렇다면 온도를 변화시키고 압력이나 부피를 일정하게 유지시키면 그 관계는 어떻게 변할까요?

압력을 일정하게 유지하고 온도를 높여 주면 기체의 부피는 증가합니다. 그렇다면 온도의 변화에 따른 기체 부피의 구체적인 변화 또한 알 수 있습니다. 이것을 샤를의 법칙이라고 합니다.

절대온도를 사용해서 샤를의 법칙을 수식으로 나타내면 다음과 같이 나타낼 수 있습니다.

$$\frac{V}{T}=일정$$

단 V는 기체의 부피, T는 절대온도입니다.

　보일의 법칙과 샤를의 법칙을 잘 관찰해 보면 하나의 법칙으로 묶을 수가 있습니다. 이것을 보일―샤를의 법칙이라고 합니다.

　압력을 P, 부피를 V, 절대온도를 T라고 할 경우 보일―샤를의 법칙을 수식으로 나타내면 다음과 같습니다.

$$\frac{PV}{T} = \text{일정}$$

　과연 보일―샤를의 법칙이 보일의 법칙과 샤를의 법칙을 통합한 법칙인지 알아봅시다.

　보일―샤를의 법칙에서 온도 T가 일정하다고 할 때 'PV=일정'합니다. 이것은 보일의 법칙입니다.

　그럼 이번에는 보일―샤를의 법칙에서 압력 P가 일정하다고 할 때 '$\frac{V}{T}$=일정'으로 변합니다. 이것은 샤를의 법칙입니다.

　따라서 보일―샤를의 법칙은 보일의 법칙과 샤를의 법칙을 통합한 법칙이라는 사실을 알 수 있습니다.

탐구하기

문　다음 중에서 보일의 법칙, 즉 일정한 온도하에서 기체의 압력(P)과 부피(V) 사이의 관계를 가장 잘 나타낸 그래프는 어느 것일까요?

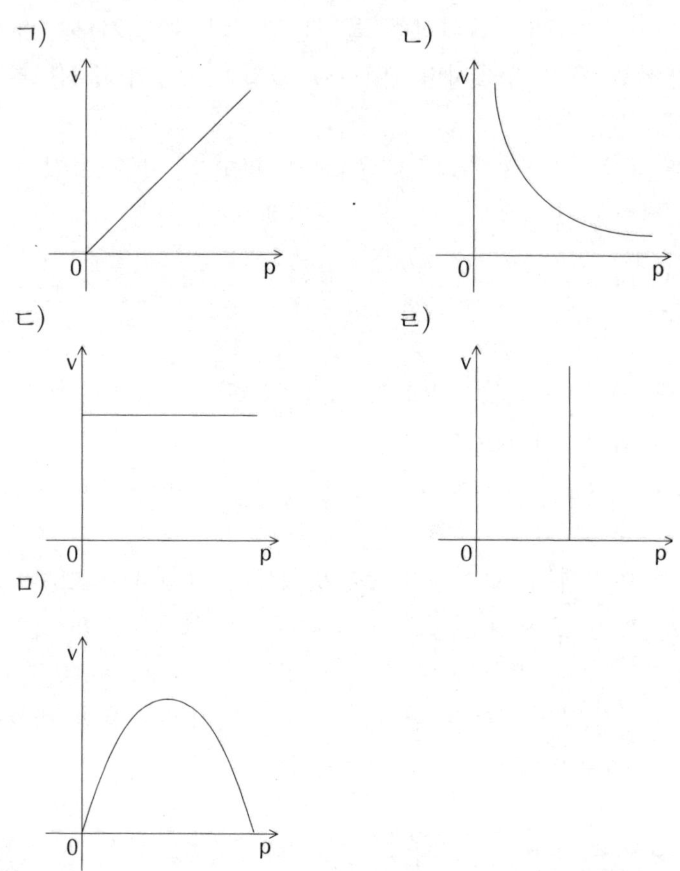

답 보일의 법칙이란 일정한 온도하에서 기체의 압력과 부피
가 반비례한다는 법칙입니다. 따라서 정답은 ㄴ)입니다.

문 각각 1몰씩의 산소와 질소를 그릇에 넣었습니다.
이때 그릇 안의 온도가 일정하다면 다음의 여러 가지 기
체의 성질 중에서 두 기체가 같지 않을 것이라고 생각되는 것
은 어느 것일까요?

ㄱ) 두 기체의 질량

ㄴ) 두 기체의 압력

ㄷ) 두 기체의 운동 에너지

ㄹ) 두 기체의 분자수

ㅁ) 정답이 없다.

답 한 그릇 안에 산소 기체와 질소 기체가 똑같이 1몰씩 담겨 있기 때문에 기체의 분자수와 기체가 받는 압력의 세기는 똑같습니다. 또한 온도가 일정하기 때문에 두 기체의 운동 에너지도 또한 똑같지요.

그렇지만 같은 1몰이라도 산소 기체와 질소 기체의 분자량이 서로 같지 않기 때문에 질량은 다릅니다.

● 좀더 알아봅시다

1811년 아보가드로는 자신의 분자설에 가설을 덧붙여 하나의 법칙을 발표했는데 이것을 아보가드로의 법칙이라고 합니다.

"기체의 종류에 관계없이 모든 기체는 같은 온도, 같은 압력하에서 같은 부피를 차지하며 같은 수의 분자를 가지게 된다."

보일—샤를의 법칙과 아보가드로의 법칙을 이용하면 하나의 매우 유용한 방정식을 만들어 낼 수 있습니다. 이 방정식을 이른바 이상 기체 상태 방정식이라고 합니다.

P를 기체의 압력, V를 기체의 부피, n을 기체의 몰 수, R을 기체 상수, T를 절대온도라고 하면 이상 기체 상태 방정식은 다음과 같습니다.

PV=nRT

그러면 이상 기체(ideal gas)란 무엇일까요?

보일—샤를의 법칙과 같은 기체의 법칙을 고려하는 데 있어서 일반적인 기체는 이것을 완전하게 만족시켜 주지 못합니다. 그래서 기체의 법칙을 완전무결하게 충족시켜 줄 수 있는 기체가 요구되는데 이런 목적으로 가상해서 만든 것이 바로 이상 기체랍니다.

이상 기체는 다음과 같은 특성을 가지고 있지만 실제로는 존재하지 않습니다.

1) 이상 기체의 분자는 크기가 없다.
2) 이상 기체의 분자는 분자들끼리 서로 그 어떠한 힘도 작용하지 않는다.
3) 이상 기체 분자 사이의 충돌은 완전 탄성 충돌이다.
4) 이상 기체는 압축시키거나 냉각시켜도 액화되거나 응고되지 않는다.

운동과 에너지

낙하하는 추가 물을 데웠어요
— 줄의 실험 —

 이야기

갈릴레이, 뉴턴, 보일, 훅 등은 물체의 온도는 그 물체를 구성하고 있는 아주 작은 입자들의 운동 때문이며, 운동의 정도에 따라서 물체의 온도가 달라진다는 사실을 알고 있었습니다.

그 예로 보일은 나무에 못을 박는 현상에 비유하면서 다음과 같은 설명을 덧붙였습니다.

"망치로 나무에 못을 박을 경우 못의 꼭지가 나무에 걸릴 때까지 못을 박을 수 있다. 이때 망치로 계속 못을 두드리면 못 꼭지가 뜨거워진다. 이것은 못이 나무 속으로 더 이상 들어갈 수 없기 때문이다. 즉 못에 가해 준 에너지는 못을 나무 속으로 박게 한 것이 아니라 못 내부의 작은 입자들에 전달되어 그 입자들을 흥분시킨 것이다. 이렇게 흥분된 작은 입자들은 더욱더 빨리 운동하게 됨으로써 못의 꼭지가 뜨거워지는 것이다."

이 밖에도 사람들은 경험으로 에너지와 열은 같은 것이라는 사실을 알고 있었습니다. 예를 들면 총을 청소하기 위해서 총구를 여러 번 문질렀더니 총구가 뜨거워지는 것도 이와 같은 경우입니다.

실험을 통해서 열이 바로 에너지라는 사실을 밝힌 사람은 영국의 물리학자 줄(Joule)입니다.

줄은 열이 통하지 않는 보온병 속에 물을 담고 그 외부에서 에너지를 가하여 회전할 수 있는 날개를 집어넣었습니다. 날개에 에너지를 가하기 위해 줄은 날개의 양쪽에 추를 매달았습니다.

이때 추를 보온병 속으로 떨어뜨리면 어떻게 될까요?

추가 낙하하면서 얻게 되는 양만큼의 역학적 에너지가 보온병 속의 날개에 전달될 것입니다. 그러면 날개는 회전하면서 물을 휘젓게 될 것입니다.

그러다가 추가 바닥에 떨어지면 날개도 회전하지 않고 물도 소용돌이치지 않을 것입니다.

그때 보온병 속의 물의 온도는 어떻게 될까요?

추가 낙하하면서 얻은 역학적 에너지는 물을 데우는 열로 변환되어 물의 온도가 올라가게 됩니다.

이 실험 결과는 다음과 같은 사실을 말해 주고 있습니다.

역학적 에너지와 열이 동등한 것이라면 일정한 양의 물을 가열하기 위해서 일정한 양만큼의 일을 해 주었을 경우, 물에는 항상 똑같은 크기의 온도 변화가 일어나야만 한다는 것입니다.

줄은 여러 번에 걸친 실험을 통해 이것을 확인하고 증명했습니다. 그는 물의 온도 상승은 추가 낙하하면서 얻게 되는 역학적 에너지에만 의존할 뿐 날개의 구조와는 전혀 관계없다는 사실을 밝혀 냈습니다.

 사고하기

책상 위에서 지우개나 연필을 밀어 보세요?

지우개나 연필은 멀리 나아가지 못하고 책상 위에서 정지하게 됩니다.

그렇다면 왜 이런 현상이 일어나게 될까요?

이것은 지우개나 연필이 책상과 공기로부터 마찰력과 저항력을 받기 때문입니다. 즉 지우개나 연필이 처음부터 가지고 있던 역학적 에너지가 마찰력이나 저항력을 받으면서 열이라는 형태로 책상이나 공기 중으로 이동했기 때문입니다.

여기에서 우리는 다음과 같은 사실을 추론해 낼 수가 있습니다.

"물체가 마찰력이나 저항력을 겪으면서 운동하는 경우 역학적 에너지는 결코 보존되지 않는다. 그러나 이때 열을 고려하면 역학적 에너지는 보존된다. 즉 운동하는 물체가 마찰력이나 저항력을 받음으로써 잃은 에너지가 열이라는 형태로 변환되어 방출됐다는 사실을 고려하면 역학적 에너지는 보존된다.”

열이라는 존재가 처음 밝혀졌을 때 열을 물질의 일종으로 생각했습니다. 왜냐하면 열이 물질의 화학적인 변화 과정에서 발생했기 때문이었습니다.

그러나 그후 물체들 사이의 마찰에 의해서 많은 열이 발생한다는 사실이 밝혀지게 되었습니다. 그런데 마찰을 많이 해도 마찰한 물질들 사이에는 변화가 없었습니다. 이것은 열이 물질의 한 종류가 아니라는 명백한 증거였습니다. 즉 열은 물질이 아닐 뿐만 아니라 물질 그 자체로부터 만들어지지도 않습니다.

그러면 열이란 무엇일까요? 열의 본성에 대해서 알아봅시다.

커다란 통의 가운데를 나무판자로 막았습니다. 그리고 왼쪽에는 찬물을, 오른쪽에는 더운물을 집어넣었습니다. 잠시 후 가운데에 있던 나무판자를 들어올리면 어떤 현상이 일어날까요?

찬물과 더운물은 섞여지면서 점차로 물의 온도가 일정하게 유지될 것입니다.

왜 이런 현상이 생기는 것일까요?

우리는 ‘찬물과 더운물 사이에 무엇이 이동한 것이 아닐까?’ 라는 생각을 해 볼 수 있습니다.

혼합된 물이 똑같은 온도를 유지하는 것은 찬물과 더운물

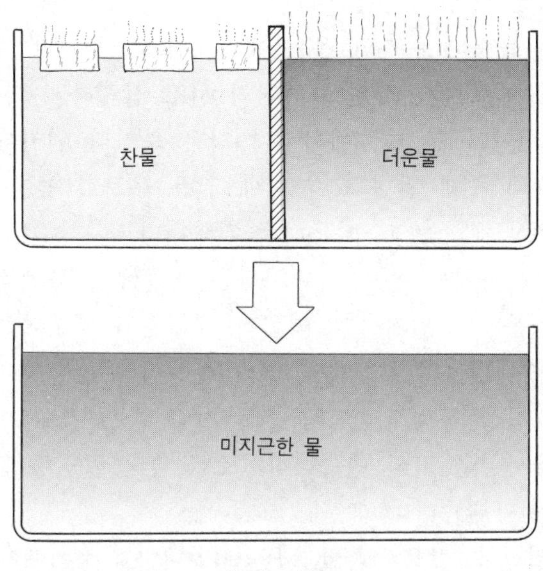

열의 이동

사이에 무엇인가가 이동했기 때문입니다.

그렇다면 '무엇'이라고 하는 것은 과연 무엇일까요?

그것은 바로 열입니다. 열이 찬물과 더운물 사이를 이동했기 때문에 같은 온도인 하나의 물로 될 수 있었던 것입니다.

우리는, 열은 온도가 높은 물체에서 낮은 물체로 전달된다는 사실을 알고 있습니다. 그렇다면 왜 열은 온도가 높은 쪽의 물체에서 낮은 쪽의 물체로 이동해 가는 것일까요?

모든 물체는 분자나 원자로 구성되어 있으며 끊임없이 운동하고 있습니다. 그렇지만 분자나 원자의 운동하는 정도에는 차이가 있습니다.

온도가 높은 물체의 분자나 원자는 큰 운동 에너지를 가지고 있기 때문에 온도가 낮은 물체의 분자나 원자보다 더 활발하게 움직입니다.

그 결과 분자나 원자의 운동 에너지가 큰 물체와 분자나 원자의 운동 에너지가 작은 물체끼리 서로 접촉하게 되면, 에너지가 큰 분자나 원자가 에너지가 작은 분자나 원자에게 에너지를 전달해 주게 됩니다. 때문에 열은 온도가 높은 물체 쪽에서 낮은 물체 쪽으로 이동하는 것입니다.

이상의 결과에서 온도가 변화하는 과정에서 물체들 사이에 반응하는 분자나 원자들의 역학적 에너지가 열이라는 사실을 알 수 있습니다. 이것이 바로 열의 본성입니다.

줄은 실험을 통해서 역학적 에너지와 열은 결코 다른 것이 아니라는 사실을 밝혀 냈습니다. 또한 열의 일당량 값을 얻어 내는 데 성공했습니다.

열의 일당량 값은 약 4.2J/cal입니다. 여기에서 칼로리(cal)는 열의 단위이고, 줄(J)은 일의 단위입니다.

열의 일당량 값은 다음과 같은 의미입니다.

1cal = 4.2J

이렇게 변환될 수 있는 것은 열과 일이 같은 양이라는 사실 때문입니다.

열의 일당량을 C, 열량을 Q, 역학적 에너지를 W라고 할 경우 이들 사이의 관계식은 다음과 같습니다.

W = CQ

 탐구하기

 오늘날 우리들은 다양한 종류의 에너지를 이용하고 있습니다.

그러면 다음 중에서 에너지의 변환 과정이 잘못 표현된 것은 어느 것일까요?

ㄱ) 열기관은 열 에너지를 역학적 에너지로 변환시켜 주는 장치이다.

ㄴ) 수력 발전은 역학적 에너지를 전기 에너지로 변환시켜 준다.

ㄷ) 물이 증발되는 현상은 빛 에너지가 역학적 에너지로 변환되는 것에 기인한다.

ㄹ) 건전지는 화학 에너지를 전기 에너지로 변환시켜 준다.

ㅁ) 전기 분해 현상은 빛 에너지가 역학적 에너지로 변환되는 현상이다.

답 전기 분해란 전기 에너지를 가해 줌으로써 화학적인 변화를 일으키게 하는 현상입니다. 따라서 정답은 ㅁ)입니다.

문 줄은 실험을 통해서 '줄의 법칙'을 만들어 냈습니다.
그러면 줄이 했던 실험은 무엇을 알아보기 위한 실험이었을까요?

ㄱ) 포물선을 그리면서 날아가는 물체의 궤도를 알아보기 위한 실험이었다.

ㄴ) 발사된 로켓이 지구를 탈출할 수 있는지를 알아보기 위한 실험이었다.

ㄷ) 표면의 마찰력이 운동에 미치는 효과를 알아보기 위한 실험이었다.

ㄹ) 영구기관을 만드는 것이 가능한지를 알아보기 위한 실험이었다.

ㅁ) 열과 일의 관계를 알아보기 위한 실험이었다.

답 줄은 자신이 고안한 실험 장치를 이용해서 소모된 일의 양이 얼마만큼 열로 변환되는지를 알아보는 실험을 했습니다. 따라서 정답은 ㅁ)입니다.

● **좀더 알아봅시다**

온도에는 여러 종류가 있습니다. 그렇지만 의미가 있는 온도는 두 종류라고 할 수가 있습니다. 이것은 섭씨온도와 절대온도입니다.

섭씨온도란 일반적으로 우리 주변에서 사용되는 온도입니다. 1기압 상태에서 순수한 물의 어는점을 0℃, 끓는점을 100℃로 하고 그 사이를 100등분하여 한 눈금을 1℃씩 정한 것이 바로 섭씨온도입니다.

절대온도는 열역학적 온도라고도 하는데 과학이나 공학 분야에서 주로 사용하고 있습니다. 이것은 영문자 T로 표시하며 단위로는 켈빈(K)을 사용합니다. 절대온도의 눈금 간격은 섭씨온도와 같으나 물의 어는점, 즉 0℃를 273K로 한다는 것이 다릅니다.

섭씨온도가 t℃인 온도를 절대온도로 환산하면 다음과 같습니다.

$T = 273 + t \, K$

영구기관

— 열역학 법칙 —

 이야기

외부의 어떠한 힘에도 의존하지 않고 영원히 운동할 수 있는 장치를 만들 수 있다면 미래의 에너지에 대해서 조금도 걱정할 필요가 없을 것입니다. 이처럼 외부로부터 그 어떠한 힘도 받지 않고 영원히 운동할 수 있는 장치를 영구기관이라고 합니다.

영구기관을 만들고자 하는 인간의 노력은 오랜 옛날부터 계속되어 오다가 16~18세기에 가장 활발했습니다.

당시 유럽 사회에서는 돈 많은 상류계층의 사람들이 영구기관을 제작하는 사람들을 후원해 주고 있었습니다.

그때 만들어진 영구기관 중에서 간단한 것 몇 가지만 알아보도록 합시다.

왼쪽과 오른쪽 경사면의 기울기가 서로 다른 삼각형의 두 경사면에 구슬이 달린 사슬이 걸린 영구기관이 있습니다. 얼핏 보기에는 왼쪽 경사면에 있는 구슬의 수가 오른쪽 경사면에 있는 구슬의 수보다 많기 때문에 왼쪽으로 사슬이 내려갈 것 같습니다.

그러나 왼쪽과 오른쪽 경사면의 기울기가 다르기 때문에 구슬이 달린 사슬은 서로 평형을 이루고 있습니다.

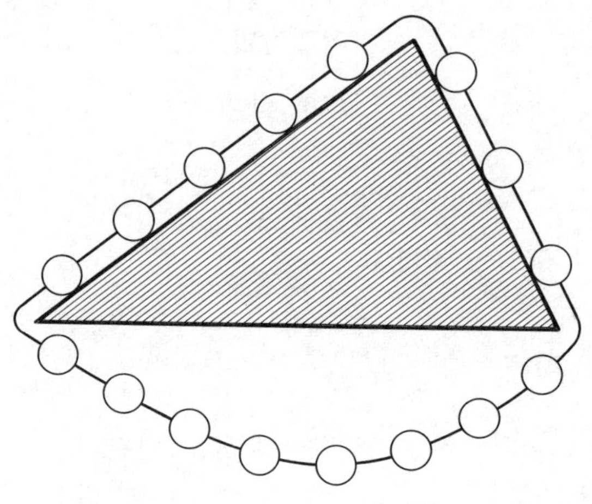

그리고 다음 그림처럼 앞의 영구기관을 좀더 개량시킨 영구기관도 있습니다.

오른쪽 사슬은 길게 죽 늘어져 있고 왼쪽 사슬이 삼각형 형태로 곡선을 이루고 있다고 해서 이 사슬이 오른쪽으로 내려갈까요? 그렇지 않으면 왼쪽 사슬의 전체 길이가 오른쪽 사슬의 전체 길이보다 더 길다고 해서 사슬이 왼쪽으로 내려갈까요?

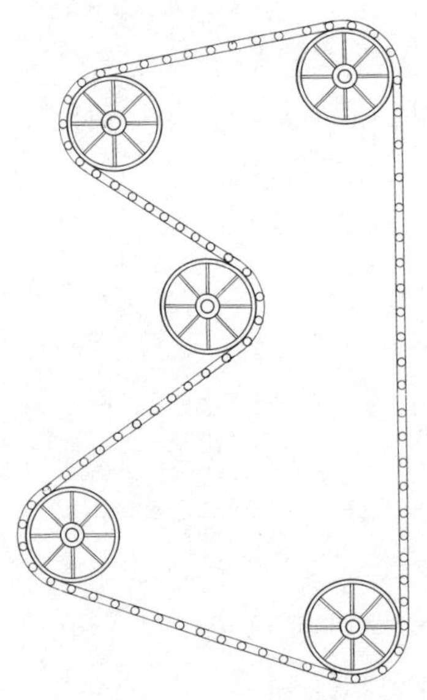

그렇지는 않습니다. 앞의 영구기관처럼 이 영구기관 또한 마찬가지입니다.

그리고 다음의 그림은 자석을 이용한 영구기관입니다.

그림과 같이 비탈면 위에 강력한 자석을 설치하고 비탈면 아래

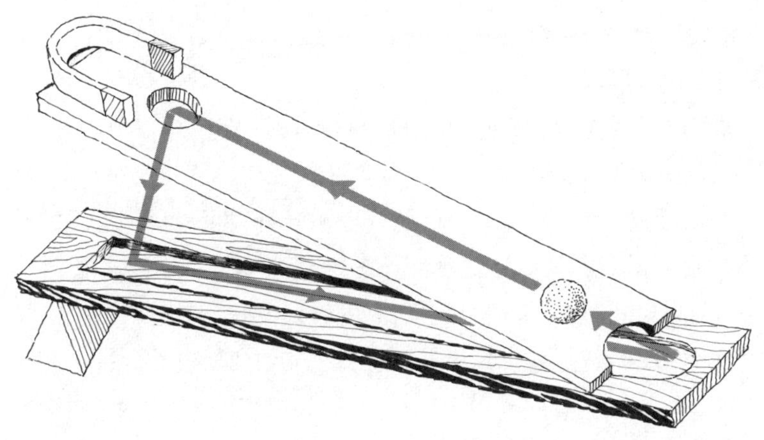

에 쇠공을 놓았다면, 쇠공은 비탈면을 따라 올라가게 될 것입니다.

이때 비탈면을 따라 올라간 쇠공이 비탈면 위쪽에 있는 구멍에 빠지게 된다면, 쇠공은 다시 굴러 내려와 똑같은 과정을 반복하게 될 것입니다.

그렇지만 비탈면 아래에 있는 쇠공을 끌어당길 수 있을 정도의 강력한 자력을 가진 자석이라면 비탈면에 뚫린 구멍과 상관없이 쇠공을 끌어당겨서 붙잡고 있게 됩니다.

 사고하기

영구기관에는 제1종 영구기관과 제2종 영구기관이 있습니다.

우리가 앞에서 살펴본 영구기관들은 모두 제1종 영구기관에 속하는 것들입니다. 즉 제1종 영구기관이란 외부로부터 어떠한 에너지의 도움을 받지 않고도 끊임없이 일을 계속할 수 있는 가상의 장치를 말합니다.

제1종 영구기관이 불가능한 것은 에너지 보존 법칙에 위배되기 때문입니다.

그렇다면 에너지 보존 법칙에 위배되지 않는 영구기관을 만들 수는 없을까요?

예를 들면 대기로부터 에너지를 빼앗아 자동차를 움직이게 하거나 혹은 바다로부터 에너지를 빼앗아 배를 움직이게 하는 방법입니다. 다시 말해서 전기, 바람, 석유, 석탄과 같은 에너지를 소모하지 않고, 단지 주위로부터 에너지를 빼앗아 영구적으로 일을 할 수 있는 영구기관을 만드는 것인데 이것을 제2종 영구기관이라고 합니다.

제2종 영구기관은 주위로부터 에너지를 공급받기 때문에 에너지 보존 법칙에 위배되지 않지만 이것은 현실적으로 불가능합니다. 사실 자동차나 배가 공기나 물로부터 에너지를 받아 움직일 수는 없습니다.

따라서 제1종 영구기관은 절대적으로 불가능하고, 제2종 영구기관은 확률적으로 불가능합니다. 여기에서 확률적이라는 말은 제2종 영구기관을 만드는 것이 거의 불가능하지만 그래도 약간의 가능성은 남아 있다는 것을 의미합니다.

그렇지만 열역학 법칙을 알게 되면 이것 또한 제1종 영구기관처럼 완전히 불가능하다는 사실이 밝혀지게 됩니다.

제1종 영구기관이 불가능하다는 논리를 밝힌 법칙을 열역학 제1법칙이라고 합니다. 그리고 제2종 영구기관이 불가능하다는 논리를 밝힌 법칙을 열역학 제2법칙이라고 합니다.

먼저 열역학 제1법칙에 대해서 알아봅시다.

물체의 온도를 높이기 위해서는 그 물체에 어떠한 형태로든지 일을 해 주거나 열을 공급해 주면 됩니다. 그렇게 되면 물체의 내부 에너지에 변화가 있습니다.

예를 들면 어떤 기체에 열을 가하면 그 기체의 부피가 팽창하면서 온도도 높아집니다. 그렇게 되면 기체의 내부 에너지가 증가되면서 일을 할 수 있는 충분한 에너지를 갖습니다.

이 결과로부터 물체의 내부 에너지, 물체에 가해 준 열량, 물체에 해 준 일의 양 사이에는 매우 밀접한 관계가 유지되고 있다는 사실을 쉽게 알 수 있습니다.

그러면 이들 사이에 어떤 밀접한 관계가 존재하는지 한번 알아보도록 할까요?

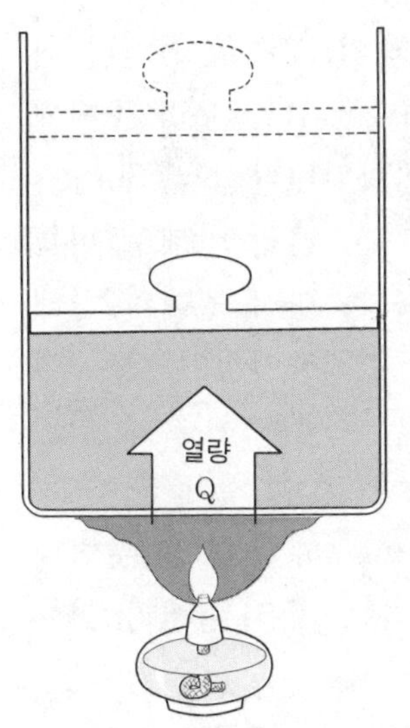

피스톤이 있는 실린더 속에 기체가 들어 있습니다. 이 기체에 열량을 공급해 주면 기체의 내부 에너지는 증가하게 됩니다. 그런데 만약 피스톤이 기체의 압력으로 인해 밖으로 밀려나면서 외부에 일을 하게 되면 증가되었던 기체의 내부 에너지는 외부에 한 일만큼 다시 감소하게 되지 않을까요?

따라서 기체에 가해 준 열량을 Q, 기체가 외부에 한 일을 W, 기체가 외부로부터 열을 받고 다시 외부에 일을 해 준 결과 차액으로 얻은 내부 에너지를 U라고 한다면 이들 사이의 관계는 다음과 같습니다.

$$U = Q - W$$

　이 관계식은 열이나 일과 같은 형태의 에너지와 그로부터 물체가 얻은 에너지의 총합은 항상 보존된다는 것을 의미합니다. 그래서 열역학 제1법칙을 에너지 보존 법칙이라고도 합니다.

　그러면 이번에는 열역학 제2법칙에 대해서 알아봅시다.

　열역학 제2법칙을 이해하기 위해서는 먼저 가역 변화와 비가역 변화 그리고 엔트로피라는 개념을 이해해야만 합니다.

　용수철에 물체를 매단 다음 잡아당겼다가 놓으면 물체는 왕복 운동을 하게 됩니다. 어떠한 마찰력도 받지 않는다면 이 왕복 운동은 항상 똑같은 과정을 거치게 될 것입니다.

　이처럼 원래의 상태로 완전히 되돌아갈 수 있는 변화를 가역 변화라고 합니다. 이와는 반대로 원래의 상태로 완전히 되돌아갈 수 없는 변화를 비가역 변화라고 합니다. 우리 주변에서 일어나는 대부분의 변화는 비가역 변화입니다.

　예를 들면 한번 구부러진 숟가락이 다시 곧은 상태로 되돌아갈 수 있나요? 그리고 물에 퍼진 잉크가 다시 원래의 상태로 되돌아갈 수 있나요? 되돌아갈 수 없죠! 이것이 바로 비가역 변화입니다.

　'내일 비가 올 확률이 상당히 높습니다.'

　여기에서 확률이 높다는 것은 가능성이 높다는 것을 뜻합니다. 그런데 확률이 크다, 가능성이 높다는 것은 질서가 있다 없다와 연관시킬 수 있습니다.

　예를 들면 기체가 빽빽이 들어 있는 상자의 뚜껑을 열면 어떻게 될까요? 이때 상자 속에 갇혀 있던 기체들은 빠져 나올 것입니다.

　왜 상자 속의 기체가 빠져 나오려고 하는 것일까요? 질서정연한 것보다 무질서한 것이 더 확률이 높고 가능성이 크기 때문입니다. 무질서의 정도를 나타내는 양을 엔트로피라고 합니다. 그러므로 무질서의 정도가 낮은 상태는 엔트로피가 작은 상태이고 질서정연하지 못한, 즉 무질서 정도가 높은 상태는 엔트로피가 큰 상태입니다.

그런데 여기에 중요한 사실이 있습니다. 자연계에서 일어나는 모든 현상들은 무질서의 정도가 큰쪽으로, 즉 엔트로피가 증가하는 쪽으로 일어난다는 것입니다.

이처럼 자연계에서 발생하는 현상의 방향이 가역적이냐 아니면 비가역적이냐를 결정해 주는 법칙이 바로 열역학 제2법칙입니다.

그래서 석유와 같은 에너지의 도움을 받지 않고 공기나 물로부터 에너지를 받으면서 움직일 수 있는 자동차나 배와 같은 제2종 영구기관을 만들 수 없는 것입니다.

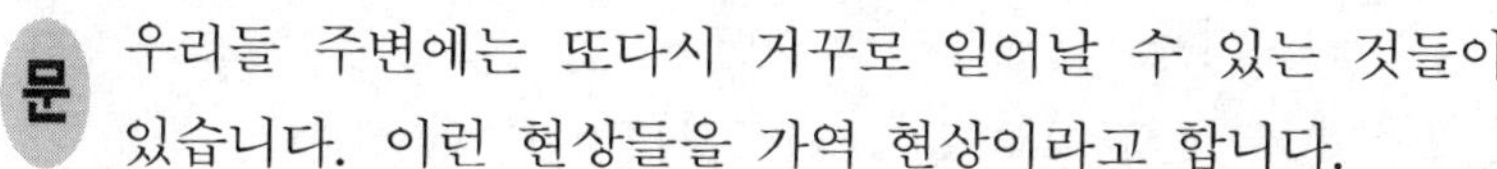

탐구하기

문 우리들 주변에는 또다시 거꾸로 일어날 수 있는 것들이 있습니다. 이런 현상들을 가역 현상이라고 합니다.

다음 중에서 가역 현상이라고 할 수 있는 것은 어느 것일까요?

ㄱ) 100g의 물과 10g의 잉크를 혼합시켰더니 농도가 같아졌다.

ㄴ) 머리에 이고 가던 항아리가 깨지면서 물이 쏟아졌다.

ㄷ) 추운 겨울날 창문을 열었더니 방 안의 공기가 차가워졌다.

ㄹ) 아파트 옥상에서 떨어뜨린 유리병이 깨졌다.

ㅁ) 인공 위성이 동일한 궤도로 지구 둘레를 회전하고 있다.

답 물과 잉크가 혼합되는 현상, 항아리가 깨지면서 물이 쏟아지는 현상, 방 안의 공기가 차가워지는 현상, 그리고 유리병이 깨지는 현상, 이 모든 것들은 거꾸로 반복될 수 없는 현상들입니다. 그러므로 가역 현상이 될 수 없습니다.

그렇지만 지구 궤도를 회전하는 인공 위성의 경우는 반복할 수 있는 운동입니다. 따라서 정답은 ㅁ)입니다.

문 다음 중에서 열역학 제2법칙을 가장 잘 표현한 것은 어느 것일까요?

ㄱ) 자연계에서 일어나는 모든 비가역 현상은 무질서한 방향으로 일어난다.

ㄴ) 외부로부터의 도움 없이도 스스로 영원히 움직일 수 있는 열기관을 만들 수 있다.

ㄷ) 열 에너지를 전부 일 에너지로 바꿀 수 있다.

ㄹ) 에너지 보존 법칙이다.

ㅁ) 화가 나서 발로 문을 걷어찼더니 발이 아프다.

답 열역학 제2법칙은 자연계에서 일어나는 현상 스스로가 확률이 큰, 무질서도가 증가하는, 엔트로피가 증가하는 방향으로 일어남을 지시해 주는 법칙입니다.

ㄹ)의 에너지 보존 법칙은 열역학 제1법칙의 다른 표현이고, ㅁ)의 현상은 작용과 반작용의 법칙입니다. 따라서 정답은 ㄱ)입니다.

열 에너지를 역학적 에너지로 변환시켜 주는 장치를 열기관이라고 합니다. 열기관에는 디젤 기관·가솔린 기관·제트 기관·증기 기관 등이 있습니다.

그렇다면 받은 에너지의 어느 정도를 다시 일로 변환시킬 수 있느냐 하는 것은 열기관의 중요한 역할입니다. 이것을 열기관의 효율이라고 합니다.

외부의 온도가 T_1인 고온의 물체로부터 열 에너지 Q_1을 받아 W만큼의 일을 하고, 남은 열 에너지 Q_2를 온도가 T_2인 저온의 물체에게 전달시켜 주는 열기관이 있습니다. 이때 열기관의 효율은 다음과 같습니다.

$$\text{열기관의 효율} = \frac{\text{일로 변한 열량}}{\text{가해진 열량}} = \frac{(Q_1 - Q_2)}{Q_1}$$

이상적인 열기관에서는 $\dfrac{Q_2}{Q_1} = \dfrac{T_2}{T_1}$ 이 성립해서 효율은 다음과 같습니다.

$$\text{열기관의 효율} = \frac{(T_1 - T_2)}{T_1} = 1 - \frac{T_2}{T_1}$$

무엇이든지 녹일 수 있는 물질
— 금을 만들려는 기발한 착상 —

 이야기

중세 유럽 사회에서는 금이 아닌 물질을 가지고 황금을 만들려는 연금술이 성행하였습니다.

연금술사들은 황금을 만들기 위해서 수많은 물질들과 씨름했습니다. 이런 과정에서 연금술사들은 물질을 용액 상태로 만들어 서로 반응시켜 보아야겠다는 생각을 하게 되었습니다. 물질은 용액으로 녹여진 상태에서 쉽게 반응한다는 사실을 그들은 깨달았기 때문입니다.

이런 끊임없는 노력 속에서 마침내 어떤 하나의 생각이 연금술사들의 마음을 온통 사로잡았습니다.

'모든 물질을 녹일 수 있는 물질을 만들 수는 없을까? 만약 그렇게만 된다면 새로운 물질을 얼마든지 만들어 낼 수 있는 실험을 할 수 있을텐데……'

모든 물질을 녹일 수 있는 물질의 발명은 연금술사들의 공통된 욕망이었습니다. 수많은 연금술사들은 이 물질을 만들어 내기 위해서 숱한 노력을 기울였지만 번번이 실패하고 말았습니다.

어떤 사람들은 연금술사들의 이런 노력에 대해서 처음부터 아무런 의미나 가치가 없었다는 듯 비꼬았습니다.

"만약 모든 물질을 녹일 수 있는 물질을 만들어 낸다면 과연 그 물질을 어느 용기에 보관할 수 있겠는가?"

 사고하기

앞의 이야기에서 연금술사들의 행동을 비꼰 사람들을 무조건 나쁘다고 말할 수 없습니다. 그렇지만 어떤 결과만 가지고 모든 것을 평가하는 것은 잘못된 태도입니다.

만약 연금술사들의 꾸준한 탐구의 과정과 노력이 없었다면 오늘날 화학이라는 학문 분야가 탄생될 수 없었을 것입니다. 겉으로는 불가능할 것 같은 일들이 연금술사들의 끈질긴 노력으로 예상하지 못한 놀라운 결과들을 얻어낼 수 있었습니다.

그리하여 연금술사들이 많은 용액을 발견한 것은 말할 것도 없고 물질들 사이에서 일어나는 화학 반응의 결과와 물질들의 속성에 대해서 깊은 지식을 얻을 수 있었던 것입니다.

중세 시대 연금술사들의 이런 땀과 노력을 후대의 과학자들이 폭넓고 합리적으로 이용함으로써 화학이라는 분야가 하나의 정연한 학문으로 자리잡을 수 있었습니다.

물론 이런 과정은 화학에만 국한된 일은 아닙니다. 모든 학문 분야에도 마찬가지로 여러 가지 작은 땀과 노력의 결실들이 숨어 있습니다.

예를 들면 상대성 이론을 만들어 낸 아인슈타인도 혼자서 그 모든 독창적인 생각을 해낸 것은 결코 아닙니다. 그도 선조들의 작은 노력의 결실이 없었더라면 도저히 불가능했을 것입니다.

물이 가득 찬 통 속에 금속을 집어넣으면 물이 넘친다는 사실은 옛날 사람들도 알고 있었습니다. 그렇지만 그들은 이것으로부터 부력을 알아내지는 못했습니다.

이런 혁명적인 발상이 어느 분야에서든지 필요하겠지만 특히 과학에서는 더더욱 필요합니다.

'콜럼버스의 달걀'이라고 하는 유명한 이야기가 있습니다.

콜럼버스가 신대륙을 발견하고 자신의 조국으로 돌아왔습니다.

여왕이 그를 위하여 대대적인 환영 행사를 베풀던 중 콜럼버스의 성공을 시기하는 한 사람이 비아냥거렸습니다.

"그까짓 발견이 뭐 대수롭다고 이렇게 야단법석이람. 그냥 배를 타고 계속해서 서쪽으로 항해했기 때문에 신대륙을 발견할 수 있었겠지, 뭐."

이 사람의 말이 끝나자 그때까지 화기애애했던 분위기가 갑자기 무거워졌습니다.

이때 콜럼버스가 그 사람에게 다가가서 다음과 같이 말했습니다.

"여보게, 당신이 정말로 그렇게 생각한다면 한번 이 문제를 풀어 보시지."

콜럼버스는 식탁 위에서 달걀을 하나 들어 보이며 말했습니다.

"이 달걀을 식탁 위에 세워 보게나."

그 사람은 한참을 이리저리 세워 보려고 애쓰다가 얼굴을 붉히며 말했습니다.

"나는 못 하겠네. 이건 애초부터 불가능한 일일세. 자네가 해 보시지."

"물론, 할 수 있지."

콜럼버스는 자신에 찬 목소리로 말했습니다.

그가 식탁 위에 달걀을 살짝 두드리자 달걀이 약간 깨졌습니다. 그런 다음 콜럼버스는 달걀을 식탁 위에 세웠습니다.

그 사람은 너털웃음을 지어 보이면서 말했습니다.

"아니, 사람을 놀리는 건가? 그렇게 한다면 나도 할 수 있네."

그러자 콜럼버스가 엄숙한 표정으로 말했습니다.

"아무리 그 결과가 간단한 것일지라도 남이 이루어 낸 다음에 할 수 있다고 말한다면 무슨 큰 가치가 있겠는가. 아무리 간단한 것일지라도 남이 하기 이전에 생각해 낼 수 있는 능력이 훌륭한 것이 아니겠는가?"

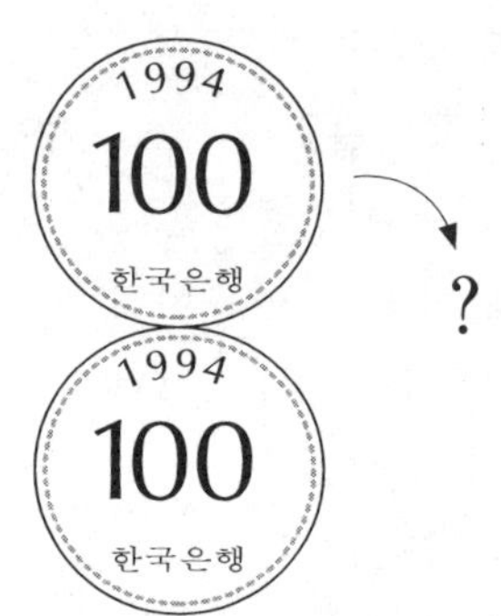

탐구하기

문 여기 100원짜리 동전 두 개가 있습니다. 한 개를 책상 위에 고정시켜 놓고 다른 하나의 동전을 고정시킨 동전 둘레로 회전시켰습니다.

그러면 고정된 동전 둘레를 돌고 있는 동전이 처음의 위치로 다시 돌아오기 위해서 이 동전은 고정된 동전 둘레를 몇 바퀴 회전해야만 할까요?

ㄱ) 반 바퀴만 회전하면 된다.

ㄴ) 한 바퀴를 회전해야 한다.

ㄷ) 두 바퀴를 회전해야 한다.

ㄹ) 세 바퀴를 회전해야 한다.

ㅁ) 네 바퀴를 회전해야 한다.

답 비록 두 개의 동전이 꼭 100원짜리 동전이 아닐지라도 동일한 크기의 동전이라면 항상 동일한 결과가 나옵니다. 즉 두 바퀴를 회전해야만 합니다.

믿어지지 않는다고요?

그럼 지금 직접 해 보세요?

문 영희네는 뒤뜰에 닭 3마리를 키우고 있습니다. 그런데 3마리의 닭이 며칠 동안 낳은 알의 개수를 세어 보니 하루 평균 2개의 알을 낳는 것이었습니다.

그렇다면 이 3마리의 닭이 똑같은 수의 알을 낳기 위해서는

214

최소한 며칠이 걸릴까요?
ㄱ) 하루가 걸린다.
ㄴ) 이틀이 걸린다.
ㄷ) 사흘이 걸린다.
ㄹ) 똑같은 수의 알을 낳을 수 없다.
ㅁ) 이것만으로는 알 수가 없다.

답 3마리의 닭이 하루 동안 알을 낳는 율이 2개라면 이틀 동안에는 4개, 사흘 동안에는 6개의 알을 낳는 것이 됩니다.

그러므로 영희네의 닭은 1마리당 사흘에 2개씩의 알을 낳고 있다는 사실을 알 수 있습니다.

● 좀더 알아봅시다

문석이는 친구들 앞에서 떠벌렸습니다.

"나는 죽은 사람과 산 사람이 같다는 것을 증명할 수가 있단다."

이것을 믿을 사람은 아무도 없겠지만 친구들도 문석이가 너무 자신만만해 하기에 한번 증명해 보라고 했습니다.

문석이는 헛기침을 한번 크게 한 후 증명해 나가기 시작했습니다.

"절반쯤 산 사람과 절반쯤 죽은 사람은 같은 사람이다. 이것을 '반생=반사'라고 표현한다면 '$\frac{1}{2}$생 $=\frac{1}{2}$사'라고 표현할 수 있어, 이 식의 양변에 2를 곱하면 '생=사'가 되지. 그러므로 죽은 사람과 산 사람은 같다."

이 괴상한 이야기는 마치 논리적으로는 전혀 모순이 없는 것 같기도 합니다. 그렇지만 '절반쯤 산 사람과 절반쯤 죽은 사람'을 '$\frac{1}{2}$생 $=\frac{1}{2}$사'라고 단정짓는 표현에 논리적인 모순이 들어 있습니다.

그런데 문석이는 과거의 시간과 미래의 시간을 똑같이 취급해 버리는 큰 실수를 저질렀습니다. 그래서 이런 어처구니없는 결과가 나오게 된 것입니다.

이 재미있는 이야기는 과학에서 논리적인 사고력이 얼마나 중요한지 잘 보여 주는 것이라고 할 수 있겠습니다.